KB037550

바이러스
쫌 아는 10대

과학 쫌 아는 십대 12

초판 1쇄 발행 2021년 11월 30일
초판 2쇄 발행 2023년 6월 9일

지은이 전방욱
그린이 방상호
펴낸이 홍석
이사 홍성우
인문편집팀장 박월
편집 박주혜
디자인 방상호
마케팅 이송희 · 한유리 · 이민재
관리 최우리 · 김정선 · 정원경 · 홍보람 · 조영행 · 김지혜

펴낸곳 도서출판 풀빛
등록 1979년 3월 6일 제2021-000055호
주소 07547 서울특별시 강서구 양천로 583 우림블루나인비즈니스센터 A동 21층 2110호
전화 02-363-5995(영업), 02-364-0844(편집)
팩스 070-4275-0445
홈페이지 www.pulbit.co.kr
전자우편 inmun@pulbit.co.kr

ISBN 979-11-6172-822-3 44470
979-11-6172-727-1 44080 (세트)

이 책은 산업통상자원부의 지원을 받아 NAEK한국공학한림원과 도서출판 풀빛이 발간합니다.

과학 쫌 아는 십대 12
모르면 두렵지만,
제대로 알면 맞설 수 있어!
바이러스
쫌 아는 10대
전방욱 글 · 방상호 그림
풀빛

코로나19 최전선에서 목숨을 바친
의사 리원량(李文亮)과 세계의 의료인들에게
이 책을 바칩니다.

2019년 12월 30일 리원량은 사회적 통신망인 위챗(모바일 메신저 앱)을 통해, 후에 코로나19로 알려진 사스와 비슷한 유행병의 발생에 대해 동료에게 알렸다. 그의 메시지가 공개되자 2020년 1월 3일 우한 공안은 인터넷상에서 거짓 정보를 퍼뜨린 혐의로 그를 소환하고 훈계했다. 리원량은 거짓을 유포하지 않겠다는 각서에 서명하고 다시 업무에 복귀하여 환자를 치료하다가 바이러스에 감염되었다. 그는 병석에서도 "완치되면 곧바로 일선으로 복귀하고 싶다. 감염증이 창궐하고 있는데, 도망자가 되고 싶지 않다."라고 의지를 보였으나, 2020년 2월 7일 서른세 살의 나이로 결국 세상을 떠났다.

리원량의 폭로로 인한 파문을 진정시키느라 급급했던 중국 당국은 공식 조사 이후 그를 복권시켰고 그의 가족에게 공식적으로 사과했다. 만약 양심적인 의사 리원량의 경고를 받아들였더라면 코로나19는 조기에 종식되었을 것이고, 안타깝게 목숨을 잃은 희생자의 수도 크게 줄일 수 있었을 것이다. 리원량의 죽음 이후, 세계의 많은 의료인들도 코로나19를 퇴치하기 위해 노력하다가 목숨을 잃었다. 삼가 그분들과 코로나19로 인해 희생되신 모든 분들의 명복을 빈다.

바이러스 세계에 들어가며

〈기생충〉이란 영화를 본 적 있니? 아마 직접 본 적은 없더라도 말은 많이 들어봤을 거야. 우리나라 최초로 아카데미상을, 그것도 네 개(작품상, 감독상, 각본상, 국제 장편영화상)나 수상한 대단한 작품이니까. 바이러스는 그 영화에 등장하는 기택(송강호 분) 가족과 같은 전염성 입자야. 박 사장(이선균 분)과 같은 숙주가 되는 다른 생물에 붙어살지 않으면 살 수 없는 존재 말이야.

코로나19라는 신종 전염병으로 전 세계가 휘청거렸었지. 초기에는 몇 나라에서만 심각할 거라고 생각했는데 세계보건기구(WHO)가 세계적인 대유행병(팬데믹)을 선포할 정도로 심각한 상태가 되었어. 친한 친구들도 잘 만날 수 없고 학교도 정상적으로 다닐 수 없는 등, 우리들이 태어나서 한 번도 겪어 보지 못한 비상사태가 벌어진 거지. 핸드폰을 통해 밤낮을 가리지 않고 긴급 문자가 도착하곤 했어. 사람들이 겁을 먹거나 위축되기 쉬운 이럴 때야말로 바이러스에 대한 정확한 지식을 가져야 할 때지.

그런데 실제로 보통 사람들은 박테리아(bacteria, 세균)와 바이러스(virus)가 어떤 차이점이 있는지도 잘 알지 못해. 그래서 박테리아에만 효과가 있는 항생제를 바이러스를 죽이는 데도 사용할 수 있다고 생각하곤 하지. 이건 아주 잘못된 정보야. 만약 우리가 바이러스가 어떤 존재인지, 또한 어떻게 물리쳐야 하는지에 대해 잘 모른다면 거짓 정보에 휘둘리거나(코로나19 발생 초창기에 소금물로 가글하면 낫는다는 유언비어를 믿는 사람들이 있었어) 코로나19와 같은 신종 유행병을 제대로 막아내지 못하게 될 거야.

이 책을 읽으면 바이러스란 존재에 대해 제대로 알게 될 거야. 우리가 막연한 두려움을 물리치고 바이러스와 싸우기 위해 어떤 지식을 갖추고 또 어떤 방법을 사용해야 하는지 깨닫게 된다면 좋겠어. 그럼 지금부터 바이러스에 대해 제대로 알아보기로 할까?

차례

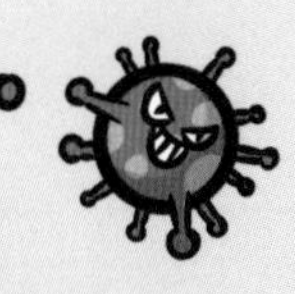

1장
살아 있는 걸까,
죽은 걸까?

바이러스는 죽었다가 다시 살아나는 좀비와 비슷한 존재야. 그런데 사실은 엄격히 이야기하자면 바이러스는 죽은 것과 살아 있는 것의 경계에 있는 존재라고 할 수 있어.

바이러스는 핵산과 단백질로 이루어져 있는데, 별다른 활성을 갖지 않는 분자의 상태로 오랫동안 보관할 수도 있지. 그러나 핵산과 단백질을 다시 섞으면 재조립될 수 있어. 이때 운 좋게 바이러스가 번식하는 데 도움을 주는 숙주를 만나면, 숙주의 몸속에서 생물체에 독특한 몇 가지 활성을 나타내지. 바이러스는 숙주■의 생명을 빌려서 살아간다고 할 수 있어.

이번 장에서는 바이러스를 생물체■■라고 말할 수 있는지, 그리고 이 알쏭달쏭한 존재가 어떻게 발견되었는지에 대해서 알아볼 거야.

■ 기생 또는 공생을 하는 생물체에게 영양분과 서식지를 제공하는 동식물 개체를 말해. 마지막 숙주를 최종 숙주, 발육 도중에 기생하는 숙주를 중간 숙주라고 하지.

■■ 생명을 가지고 스스로 생활 현상을 유지해 나가는 동물, 식물, 미생물을 의미해.

1. 바이러스는 생물체일까?

바이러스가 여러 종류의 질병을 일으킨다는 사실에 근거해서 19세기 말의 과학자들은 이들을 박테리아(세균)와 연관 지어 생각했고, 가장 단순한 생물체의 형태라고 주장하기도 했지. 하지만 바이러스는 모든 생물체의 기본인 세포라는 구조를 갖고 있지 않아. 이것이 바이러스를 생물체로 분류할 수 없다고 생각하는 사람들의 이유야.

바이러스에 대해 이야기하기 전에 우선 생물체를 이루는 기본 단위인 세포에 대해서 좀 이야기해 볼까? 세포는 생물의 종류에 따라서 상당히 달라. 세포에는 기본적으로 유전물질(DNA 또는 RNA)과 이 유전물질을 단백질로 바꿔 주는 기구가 들어 있어. 박테리아와 같은 어떤 생물은 자신의 세포를 감싸 주는 막이 세포막 한 종류밖에 없지. 이런 생물에서는 유전물질이 막으로 둘러싸여 있지 않아.

동식물은 세포막 이외에도 세포 안쪽에 여러 종류의 막을 가지고 있어. 이때 유전물질도 막으로 둘러싸이는데, 이 구조를 '핵'이라고 불러. 핵 속의 유전물질은 산성 염료로 염색되기 때문에 '핵산'이라고 부르기도 해. 이 막들은 내부와 외부를 구분하고, 그 사이에서 물질을 교환하는 작용을 하지. 그런데 바이러스는 이와 같은 막을 갖는 세포가 없는 거야.

그렇지만 바이러스는 세포로 이루어진 생물체와 비슷한 점도 몇 가지 있어. 예를 들어 바이러스는 모든 살아 있는 생물체의 세포처럼 유전물질을 갖고 있고, 이 유전물질이 작용하는 원리도 서로 같아. 그래서 바이러스도 생물체처럼 유전적 변이를 나타내며 진화할 수 있지.

따라서 바이러스는 생물체의 정의에는 미치지 못해도 생물체의 몇 가지 특징을 나타낸다고 말할 수 있어. 생물학과에서 바이러스를 연구하는 건, 이런 특징이 있고 다른 생물체에도 영향을 미치기 때문이야. 오늘날 바이러스를 연구하는 학자들은 바이러스가 살아 있지는 않지만 생물체와 화학적 분자 사이의 모호한 경계선 상에 있다고 생각하고 있어.

생물체를 정의하는 7가지 기준

우리 다 함께 다니엘 코쉬랜드 주니어(Daniel E. Koshland Jr)와 같은 과학자들이 사용하는 생물체의 7가지 특징을 기준으로 바이러스에 대해 더 알아볼까?

첫째로, 생물체는 내부 환경을 일정하게 유지해야 해. 앞서 살펴봤지만 세포막이 외부 환경과 세포 내부를 구분하게 해 주는데, 바이러스는 이런 세포막이 없다고 했지? 그럼 바이러스는 그 내부의 온도나 농도를 조절할 수 있을까? 아니, 바이러스가 세포막을 가져야 내부라는 것이 있을 텐데, 바이러스는 내부라는 게 있을 리 없지. 바이러스는 유전물질을 감싸는 단백질 껍질인 캡시드를 가지고 있을 뿐이야. 어떤 바이러스는 두 겹의 지질로 된 막인 외막을 가지고 있기도 하지만 이 막은 안쪽과 바깥쪽의 환경의 차이를 알아차리거나 변화시킬 수 있는 진짜 세포막은 아니야. 어떤 과학자들은 캡시드와 외막이 바이러스가 환경 변화에 저항할 수 있도록 도와준다고 주장하기도 하지(바이러스의 구조에 대해서는 뒤에 자세히 설명할게). 그래서 대부분의 과학자들은 바이러스가 이 첫 번째 기준을 통과하지 못한다고 생각하고 있어.

둘째, 생물체는 구조가 복잡하다는 거야. 그렇지만 어떤 일정한 체계를 갖고 있어. 작은 단위가 모여 보다 커다란 산물을 만들지. 바이러스도 이 정도는 할 수 있어. 바이러스는 핵산으로부터 이루어진 유전자, 캡소미어라는 작은 단백질 단위로 이루어진 캡시드를 갖고 있거든.

셋째, 생물체는 자신과 비슷한 생물체를 만들어 퍼뜨린다는 특징을 갖고 있지. 바이러스가 숙주의 면역계를 이기고 생존하기 위해서는 더 많은 바이러스를 만들어 내야만 해. 이런 점에서 바이러스는 확실히 생물체의 특징을 갖는다고 할 수 있어. 바이러스는 자신의 유전 정보를 복사하기 위한 장치는 갖고 있지 않지만 숙주세포의 장치를 가로채서 자신의 유전 정보를 만들어 낼 수 있거든. 또한 이런 유전 정보를 둘러쌀 새로운 단백질 껍질을 만들고, 이것을 조립할 수도 있어. 바이러스는 증식하기 위해 숙주세포를 필요로 하기 때문에 '복제'한다는 말을 사용하곤 하지.

넷째, 생물체는 생장한다는 특징을 가져. 생장이란 에너지와 영양소를 사용해서 크기가 증가하거나 구조나 기능이 더욱 복잡해지는 것을 말해. 바이러스는 숙주세포를 조종해서 새로운 바이러스를 만들지만, 완성된 상태로 조립되고 커지거나 복잡해지지 않아. 따라서 바이러스는 생장한다고 말할 수 없어.

다섯째, 생물체는 에너지를 사용한다는 특징을 가져. 새로운 바이러스를 만들려면 핵산을 만드는 것부터 캡시드를 서로 조립하는 데까지 많은 에너지가 필요하거든. 하지만 이런 일을 하는 데 사용되는 에너지는 모두 바이러스가 스스로 만들어 낸 것이 아니라 숙주세포에게서 빼앗은 거야. 바이러스는 숙주의 대사를 이용해서 만들어진 에너지를 사용하지.

여섯째, 생물체는 자극에 반응한다는 특징이 있어. 자극에 대한 반응은 환경의 어떤 변화에 대해 곧 자신의 행동을 바꾼다는 것을 의미하는데, 바이러스가 환경의 어떤 변화에 반응하는지 그렇지 않은지를 대답하기란 좀 어려워. 다만 바이러스는 빨리 반응하지는 않는 것 같아. 그러나 환경 변화에 따라 자신이 살아가는 방식을 바꾸는 등의 적응 반응을 보이긴 하지. 아직 바이러스가 어떤 것에 반응하는지 콕 집어서 이야기할 정도로 충분한 연구가 이루어지지 않았어.

일곱째, 생물체는 환경에 적응하고 진화한다는 특징을 가져. 이런 적응과 진화는 시간에 따라 형질의 변이가 축적되어서 유전자의 돌연변이로 일어날 수 있어. 바이러스가 살아 있다는 견해를 뒷받침하는 예로서, 다윈의 진화론을 따른다는 거야. 이것은 오랜 세월 동안 바이러스가 자신의 유전자를 점진적으로 변화시켜 숙주의 면역 반응을 극복하고 자신의 후손들을 유지하고 복제하는 데 도움을 준다는 사실로 입증이 되지. 숙주 환경에 적응한 변이 바이러스는 많이 퍼지게 되고, 그렇지 못한 변이 바이러스는 쇠퇴하게 돼.

바이러스는 살아 있는 걸까, 죽은 걸까?

바이러스를 생물과 무생물의 경계에 놓이게 하는 또 다른 특징은 숙주를 만나지 못하더라도 오랫동안 비활성으로 존재할 수 있다는 점이야. 이 능력은 담배모자이크바이

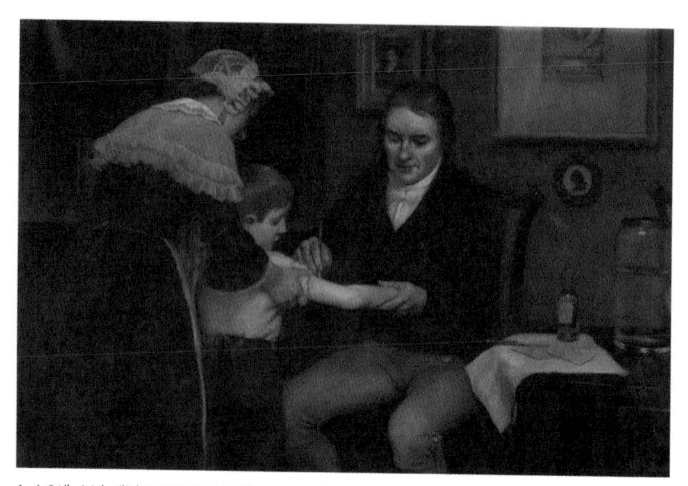

1-1 8세 소년 제임스 핍스에게 처음으로 백신을 접종하고 있는 에드워드 제너

러스 연구 초기에 처음 발견되었고 이후 실험실 조건에서도 그 특징이 확인되었어.

가장 유명한 이야기는 천연두바이러스와 관계된 이야기야. 현재 백신에 의해 성공적으로 퇴치된 바이러스는 천연두바이러스밖에 없어. 1796년 에드워즈 제너(Edward Jenner)가 천연두바이러스 백신 접종법을 발견한 이래 180여 년만인 1979년에 천연두가 멸종되었음을 선포했어.

그런데 바로 전 해인 1978년에 천연두의 경각심을 알려 주는 비극적인 사건이 일어났지. 의학 사진작가인 자넷 파커가 영국 버밍엄대학교에서 같은 건물을 쓰고 있던 바이러스 학자인 헨리 베드슨 교수의 실험실에서 유출된 천연두바이러스에 감염된 거야. 이 실험실은 바이러스를 보관하는 곳이었는데 관리에 철저하지 못했어. 천연두바이러스 표본은 마치 결정과도 같이 오랫동안 병 속에서 잠자고 있다가, 마지막 희생자인 자넷 파커의 몸속에서 증식해 마침내 사망에 이르게 한 거야. 주위의 비난과 양심의 가책으로 인해 헨리 베드슨 교수는 그만 자살로 삶을 마감하고 말았어.

그럼, 우리는 이러한 바이러스의 특징으로부터 어떠한 결론을 내릴 수 있을까? 바이러스는 살아 있는 걸까, 죽은 걸까? 살아 있다고 할 수 없어. 바이러스는 세포로 이루어지지 않았고, 안정적인 상태로 자신을 유지할 수도 없고, 자라지도(생장) 않고, 에너지를 스스로 만들 수도 없기 때문이야. 그렇다고 죽었다고도 말할 수 없어. 죽음이란 살아 있는 생물체들이 더 이상 살아 있다는 특징을 나타내지 못할 때 일어나는 건데, 바이러스는 여전히 생물체의 몇 가지 특징을 갖고 있으니까. 그래서 바이러스는 증식하고 환경에 적응하지만, 실제로 살아 있는 생물체라기보다는 킬러 로봇을 더 닮았다고 말하는 사람도 있어. 바이러스는 숙주에 의존해서 자신을 완벽한 상태로 만들고 힘을 얻기 때문이지.

또 하나, 생물체는 다른 생물체에 의해 감염될 수가 있지. 만약 어떤 바이러스가 다른 바이러스에 의해 감염된다면 어떻게 될까? 과학자들은 최근 미미바이러스라는 박테리아 크기의 거대 바이러스를 발견했어. 더 연구해 보니 이 거대 바이러스에는 스푸트니크라는 더 작은 바이러스가 기생하고 있다는 것을 알게 됐지. 미미바이러스가 아메바를 감염시키면 거대한 바이러스 공장이 차려지는데, 이 작은 바이러스가 거대 바이러스가 빼돌린 아메바의 복제 장치를 다시 가로챈다는 것을 알 수 있었어. 그래서 헬렌 피어슨(Helen Pearson)과 일부 과학자들은 바이러스가 감염될 수 있다면 생물체로 간주되어야 마땅하다고 주장하기도 했지.

바이러스와 박테리아는 뭐가 다르지?

바이러스와 박테리아는 둘 다 눈에 보이지 않을 정도로 작고, 유사한 질병을 일으키기 때문에, 많은 사람은 이들을 모두 같은 종류로 묶어서 잘못 생각하는 경향이 많아.

그러나 바이러스는 박테리아가 절대 아니야. 둘 다 모두 우리를 아프게 만들 수 있지만, 박테리아와 바이러스는 생물학적으로 수준이 매우 달라. 박테리아는 작은 단일세포지만 자손을 번식시키기 위해서 숙주세포가 꼭 필요한 건 아니야. 박테리아는 번식 환경만 적절하다면 수도꼭지, 키보드, 손잡이와 같은 무생물의 표면에서도 얼마든지 증식할 수 있지. 하지만 바이러스는 자손을 증식하기 위해서는 반드시 숙주세포가 있어야 해.

이런 차이 때문에 박테리아 감염과 바이러스 감염은 매우 달라. 예를 들어 항생제는 박테리아의 세포벽과 같은 특정 부위를 겨냥해서 공격해 박테리아를 죽이지. 그래서 항생제는 박테리아에는 효과가 있지만 바이러스에게는 효과가 없어. 박테리아의 독특한 세포벽 및 단백질 합성기구인 리보솜과 같은 미세 구조가 바이러스엔 없기 때문에 항생제에 영향을 받지 않아.

박테리아를 죽이는 항생제는 바이러스엔 절대로 작용하지 않지만 바이러스에 감염되었을 때 박테리아가 증식하는 경우도 있어서 이럴 땐 바이러스 치료에 항생제를 함께 사용하기도 해. 예를 들자면, 독감이나 감기의 합병증으로 몸 안에서 감염이 발생하는 경우야. 의사들은 이러한 박테리아의 2차 감염을 치료하기 위해 항생제를 처방하기도 하지만 독감이나 감기와 같은 바이러스 감염을 직접 치료하는 데는 아무 소용이 없어.

예전에는 의사들이 바이러스에 감염되었을 때 항생제를 종

종 처방하기도 했었지. 하지만 항생제를 일정한 기준이나 한도를 넘어서 함부로 사용하면 약품에 대해 내성을 가진 돌연변이 박테리아가 출현할 수도 있어. 이런 경우에 돌연변이 박테리아는 나중에 무서운 질병을 일으키는 박테리아와 유전자를 공유해서 슈퍼박테리아가 되어 항생제 치료를 어렵게 만들기도 해.

앞에서 살펴봤듯이 바이러스는 살아 있지 않기 때문에 죽

일 수도 없는 거야. 이 사실은 우리가 바이러스 질병을 치료하는 데 상당히 중요해. 항바이러스성 약품이 바이러스를 파괴하기보다는 바이러스 증식을 차단하는 노력밖에 할 수 없는 이유도 그 때문이야.

2. 바이러스는 어떻게 발견했을까?

바이러스가 무엇인지 정확하게 정체가 밝혀지기 전부터 사람들은 이미 바이러스의 존재를 알아챘어. 바이러스에 의한 질병을 앓고 있었거든.

1800년대 말에 이르자 루이 파스퇴르(Louis Pasteur), 로베르트 코흐(Robert Koch) 등의 과학자들은 사람을 비롯한 동식물의 몇 가지 질병이 박테리아에 의해 일어난다는 것을 밝히게 되었지. 그래서 모든 질병은 박테리아에 의해 일어난다는 생각이 굳어졌어. 그런데 박테리아를 확인하는 데 사용한 방법들이 어떤 질병의 병원체(병의 원인이 되는 미생물)를 밝히는 데 소용이 없었지. 당시 박테리아를 연구하던 학자들은 질병을 일으키는 병원체는 밝히지 못했지만, 몇 가지 질병에 대한 백신은 만들 수 있었어. 실제로 천연두와 광견병 또는 가축의 구제역에 대한 백신이 개발된 것은 이 질병들의 병원체가 바이러스라는 사실이 밝혀지기 훨씬 이전이야. 그 전까지만 해도 오랫동안 사람들은 황열병이나 천연두와 같은 바이러스성 전염병이 독이 있는 밤바람에 의해 전파된다고 엉뚱한 생각을 했었지.

담배모자이크병의 원인을 찾아라

바이러스의 발견을 살펴보려면 19세기말로 거슬러 올라가야 해. 이 당시에 담배 농사를 짓던 사람들은 잎이 노래지고 점박이가 되는 담배 식물의 질병에 '담배모자이크병(tabacco mosaic disease)'이란 이름을 붙이게 돼. 담배의 생산량이 크게 감소했기 때문에 과학자들은 담배의 성장을 방해하고 반점을 발생시켜 담배 식물에 해를 끼치는 원인을 찾고 싶어 했어. 독일의 아돌프 마이어(Adolf Mayer)도 그런 과학자 중의 한 사람으로, 담배모자이크병의 원인을 발견하려고 노력하다가 바이러스 연구의 첫 걸음을 내딛게 되었지.

1883년 마이어는 이 질병이 전염성을 나타낸다는 결과를 얻었어. 담배모자이크병에 걸린 담배 잎에서 추출한 수액을 건강한 담배 식물에 문지르면 질병이 옮겨진다는 사실을 발견한 거야. 뒤이어 마이어는 수액에서 감염성 미생물을 찾아내려고 했지만 그것까지는 하지 못했어. 그래서 그는 이 질병이 현미경으로 관찰할 수 없을 정도로 아주 작은 박테리아가 일으키는 것이라고 제안하는 데 머물고 말았지.

1884년 프랑스의 샤를 숌베레인(Charles Chamberlain)은 박테리아보다 작은 구멍을 가진 숌베레인 여과기를 발명했어.

박테리아가 포함된 용액을 이 여과기에 통과시켜 박테리아를 걸러내 완전히 제거할 수 있게 됐지. 1892년에 러시아의 디미트리 이바노프스키(Dimitri Ivanowsky)는 마이어의 가설을 검정하고자 감염된 담배 잎의 수액을 솜베레인 여과기에 통과시켜 보았어. 커피 원두를 갈아서 커피 필터에 넣고 뜨거운 물을 부으면 커피가 나오는 것과 같은 이치라고 할 수 있지. 만약 감염 인자가 박테리아라면 그 감염 인자는 여과기에 남아 있을 거라고 가정한 거야. 놀랍게도 그 여과기를 통과한 수액도 담배모자이크병을 일으킬 수 있었어. 그래서 처음에는 수액에 들어 있는 감염 인자가 여과기를 통과할 수 있는 독소가 아닐까라고 생각해 봤어. 하지만 수액을 연속적으로 묽게 해도 여전히 담배모자이크병을 일으킬 수 있는 것을 보고 독소 때문은 아니라는 결론을 내렸지.

안타깝게도 이바노프스키는 이 감염 인자가 박테리아보다 작은 병원체라고 결론을 내리는 대신, 여과기가 박테리아를 완전히 걸러내지 못해서 통과된 수액 속에 남아 있기 때문이라고 가정했어. 파스퇴르는 이보다 바로 얼마 전에 박테리아가 질병을 일으킬 수 있다는 것을 입증했는데, 이바노프스키는 그 당시의 이 지배적인 생각에 도전하지 않기로 한 거야. 번식 가능한 박테리아라고만 생각했던 거지. 결론적으로 말

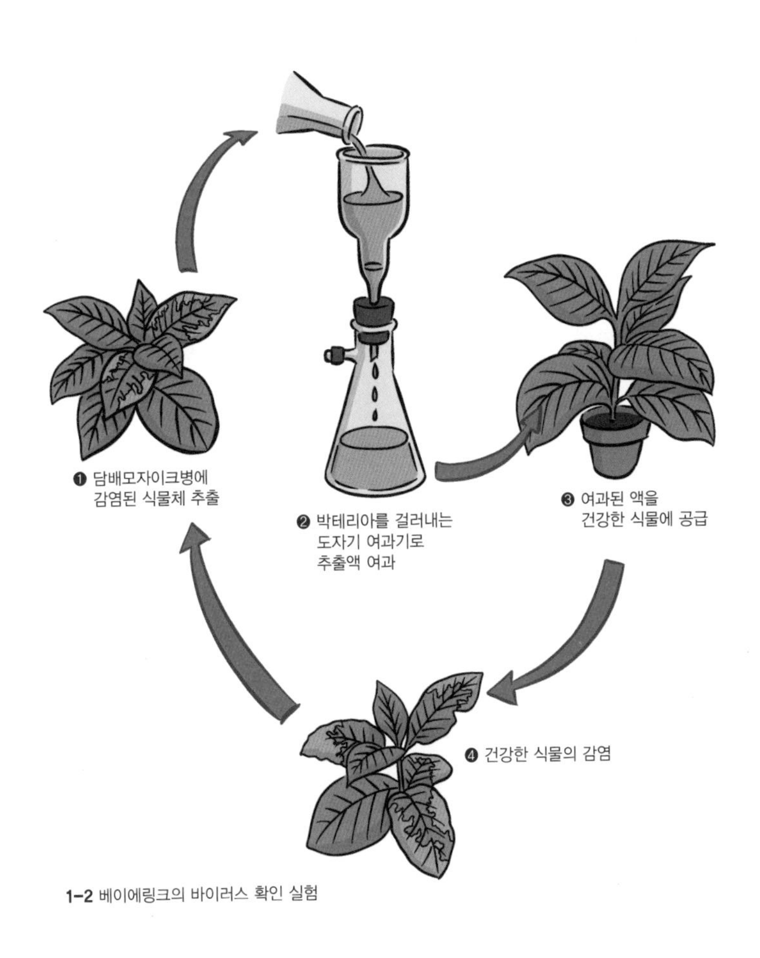

1-2 베이에링크의 바이러스 확인 실험

하면 이바노프스키는 박테리아가 담배모자이크병을 일으킨다는 잘못된 가설에 집착했기 때문에, 바이러스라는 더욱 놀라운 병원체를 발견할 수 있었던 기회를 잃어버린 거야.

1898년 네덜란드의 마르티누스 베이에링크(Martinus Beijerinck)는 이바노프스키가 한 실험을 반복했는데, 그도 역시 작은 담배모자이크병 병원체가 보통 박테리아의 배양에 많이 사용되는 한천 겔의 틈을 통해 확산할 수 있다는 결과를 얻었어. 베이에링크는 논문에서 여과기를 통과한 식물의 여과액이 여전히 감염성이 있는 건 박테리아와는 다른, 여과가 가능한 바이러스에 의해 병이 생겼기 때문이라고 주장했어. 박테리아는 보통 시험관이나 배양접시 안에 든 영양배지■에서 배양하는데, 베이에링크는 이 신비로운 담배모자이크병의 병원체를 그런 곳에서 배양할 수 없다는 것도 알아낸 거야. 대신 이 병원체는 담배 잎과 같은 살아 있는 식물세포 안에서만 증식하며 건조한 상태에서도 오랫동안 생존할 수 있다는 것을 관찰해 냈지.

베이에링크는 이 증식하는 병원체가 박테리아보다 훨씬 더 작고 단순할 것이라 생각했고, 이 병원체를 '액상 전염성 물질(contagium vivum fluidum)'이라고 불렀는데 이것이 후에 독을 의미하는 '바이러스'로 줄어들게 된 거야. 따라서 베이에링

■ 세균을 인공적으로 늘리기 위해 필요한 영양소를 포함하고 있는 증식 환경이야.

크는 최초로 바이러스라는 개념을 소개한 과학자로 인정받고 있지.

드디어 바이러스를 목격하다

같은 시기에 독일의 프리드리히 뢰플러(Friedrich Loeffler)와 파울 프로슈(Paul Frosch)는 소에 생기는 구제역이 독소에 의해서가 아니고 여과가 가능한 바이러스에 의해서 일어난다는 것을 발견했어. 또 1900년에 월터 리드(Walter Reed)는 쿠바에서 증가하고 있던 황열병이 여과가 가능한 바이러스에 의해 일어난다는 것을 밝혔지. 1915년 영국의 박테리아학자인 프레데릭 트워트(Frederick W. Twort)와 1917년 프랑스의 미생물학자인 펠릭스 데렐(Félix Hubert d'Hérelle)은 박테리아를 감염시키는 바이러스를 독립적으로 발견했어. 특히 펠릭스 데렐은 한천에서 자라는 박테리아에 바이러스를 떨어뜨려 박테리아가 죽은 반점을 세어 바이러스의 숫자를 계산하는 업적을 남기기도 했지.

20세기 초까지 여과 방법이 널리 사용되면서, 여과성 바이러스의 목록도 차츰 늘어가기 시작했지. 하지만 이런 바이러스 연구는 여러 가지로 곤란한 점이 많았어. 초기의 박테리아학자들은 애를 많이 썼지만 박테리아를 배양하는 방법으로는

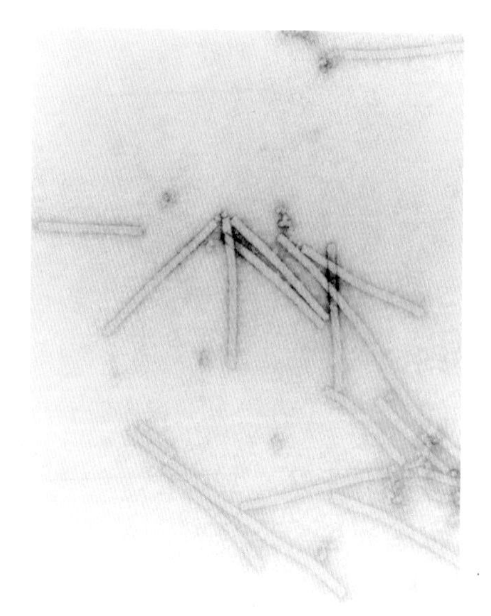

1-3 담배모자이크바이러스의 전자현미경 사진. (출처: 위키미디어)

이 여과성 병원체를 배양할 수가 없었지. 다시 말해 박테리아성 병원체에 적용되는 방법을 여과성 병원체에는 적용할 수 없었던 거야. 뿐만 아니라 과학자들은 이때까지도 여과성 병원체가 생명을 가진 개체인지, 아니면 화학물질의 일종인지 결론을 내리지 못했고, 이런 상황은 오랫동안 계속됐어.

여과성 병원체가 바이러스라는 베이에링크의 대담한 주장은 거의 40년이 지난 1935년 웬델 스탠리(Wendell Stanley)가 담배모자이크바이러스의 결정을 얻으면서 인정받게 되었어.

스탠리는 병에 걸린 담배 잎에서 추출한 여과액을 광학현미경으로 관찰해서 처음으로 바이러스를 보게 된 거야. 스탠리가 관찰한 것은 담배모자이크바이러스의 길고 가느다란 결정이었어.

스탠리는 담배모자이크바이러스가 여러 가지 관점에서 무생물이며, 보통의 박테리아에 사용하는 방법으로는 배양할 수 없지만 정상적인 담배에 감염시키면 증식할 수 있다는 것을 증명했지. 약간의 바이러스 여과액을 건강한 식물에 넣어 병을 유발시키는 극히 간단한 방법으로, 스탠리는 병에 걸린 조직으로부터 많은 양의 바이러스성 물질을 얻을 수 있었어. 스탠리는 담배모자이크를 확인하고 배양한 공로를 인정받아 마침내 1946년 노벨화학상을 수상했지.

또한 1939년에 구스타프 카우셰(Gustav Kausche) 등은 전자현미경을 이용하여 담배모자이크바이러스를 최초로 관찰했고, 이 외에도 여러 가지 바이러스를 직접 관찰하게 되면서 바이러스가 박테리아나 다른 생물체와 얼마나 다른지 분명하게 밝혀졌어.

바이러스는 무엇으로 이루어져 있을까?

스탠리는 담배모자이크바이러스에서 중요한 초기

업적을 일궈냈지만 1935년에 바이러스가 단백질로 이루어졌다고 주장한 흑역사를 갖고 있기도 해. 이 오류는 바로 다음 해에 프레데릭 찰스 보덴(Frederick Charles Bawden)과 노먼 피리(Norman Pirie)가 바이러스의 결정은 단백질과 핵산으로 이루어져 있다고 주장하면서 바로잡게 되지.

1952년에는 앨프리드 허쉬(Alfred Hershey)와 마사 체이스(Martha Chase)가 바이러스의 일종인 박테리오파지(bacteriopahge)■를 이용하여 DNA가 유전물질임을 밝히는 아주 중요한 분자생물학 실험을 하게 돼. 1955년 하인츠 프렌겔-콘라트(Heinz Fraenkel-Conrat)와 로블리 윌리엄스(Robly Williams)는 바이러스 RNA와 약간의 단백질만 섞어 주면 담배모자이크바이러스를 만들어 낼 수 있다는 것도 보여 줬어.

그리고 1956년에 알프레드 기에레러(Alfred Gierer)와 게르하르트 슈람(Gerhardt Schramm)은 핵산이 유전 정보를 가지고 있기 때문에 바이러스로부터 단백질을 제거하고 핵산만 접종해도 생물체를 감염시킬 수 있으며, 완전한 바이러스를 복제할 수도 있다는 사실을 밝혀냈지. 1962년에 마샬 워렌 니렌

■ '세균을 의미하는 'bacteria'와 먹는다를 의미하는 'phage'가 합쳐진 합성어야. 즉 세균을 먹는(죽이는) 바이러스라는 뜻이지.

버그(Marshall Warren Nierenberg)와 하인리히 마태이(Heinlich Matthaei)는 바이러스의 RNA를 시험관 속의 세포 추출물에 첨가하면 바이러스 단백질이 만들어진다는 증거를 제시하며 RNA가 바이러스의 유전물질이라는 점을 밝혔어. 이 특이한 작은 병원체를 더욱 잘 이해하기 위한 연구가 집중적으로 이루어져 지난 수십 년 동안에 바이러스에 관한 생물학적 성질이 많이 밝혀지게 되었지.

2장
바이러스
꼼꼼히
들여다보기

바이러스는 박테리아보다 작을 거라고 생각이 돼. 스탠리가 일부 바이러스를 결정의 상태로 얻자, 대부분의 과학자들은 매우 혼란스러워했어. 바이러스가 세포라면 아무리 단순하다고 해도 규칙적인 결정의 형태를 가질 수는 없기 때문이야. 세포는 원형질로 된 작은 상자 모양으로, 핵(核)이라는 구형의 소체를 가지고 있거든(때로는 거대한 끈 모양이거나 모양이 일정하지 않은 것도 있어).

그럼 바이러스가 세포가 아니라면 뭐지? 과학자들은 바이러스의 구조를 더욱 상세하게 연구해서 바이러스가 단백질 껍질로 둘러싸여 있는 핵산 구조라는 사실을 밝혀냈어. 바이러스에 따라서는 외막 구조가 단백질 껍질을 덮고 있는 경우도 있다는 걸 알게 됐고.

세상에는 많은 종류의 생물이 있듯이 많은 종류의 바이러스가 있어. 바이러스에 따라서 크기, 모양, 생활 방식 등이 제각각이야. 그렇지만 바이러스는 일반적으로 몇 가지 중요한 공통점을 갖고 있어. 캡시드라고 하는 단백질 껍질이 있고, 캡시드 안쪽에 들어 있는 DNA 또는 RNA로 만들어진 핵산 유전체가 있고, 모든 바이러스는 아니지만 외막이라는 지질막을 갖고 있지. 이 특징들을 좀 더 자세히 살펴볼게.

1. 바이러스는 얼마나 작을까?

일반적으로 바이러스는 세포보다 크기가 훨씬 작아. 사람 세포의 지름은 대개 10마이크로미터(10^{-6}미터)인데, 머리카락 지름의 10분의 1 정도야. 박테리아는 이보다 작아. 사람 세포의 약 10분의 1 크기로, 1마이크로미터(1000나노미터) 정도지. 앞장에서 박테리아를 걸러낼 수 있는 여과기로 바이러스는 걸러낼 수 없었다고 했던 걸 기억하지? 바이러스의 직경은 대개 20~300나노미터(10^{-9}미터)이고, 지름은 평균적으로

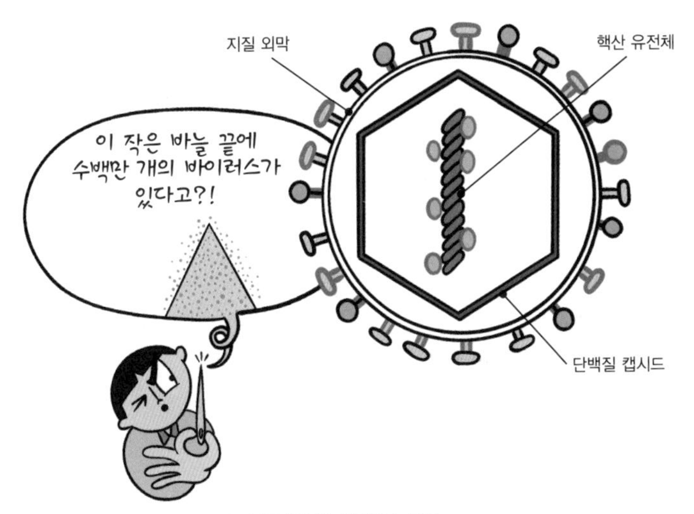

2-1 외막을 갖는 바이러스 구조

80나노미터 정도야. 이것은 흔한 박테리아인 대장균에 비하면 12분의 1에 해당하는 작은 크기지. 가장 작은 바이러스는 지름이 20나노미터밖에 되지 않아. 이는 세포의 리보솜보다 작지. 쉽게 이야기해서 바늘 끝에 수백만 개의 바이러스를 올려놓을 수 있을 정도라고.

이렇게 이야기하니까 감이 잘 안 잡히지? 우리가 주변에서 쉽게 볼 수 있는 것으로 비교해 볼게. 우리 몸 전체를 세포의 크기라고 하면, 박테리아는 축구공 크기라고 할 수 있어. 그렇다면 바이러스는 얼마만 할까? 소형 건전지나 알약 정도의 크기야. 바이러스는 매우 작아서 처음에는 발견하기가 어려웠다는 게 충분히 상상이 가지? 대부분 전자현미경을 사용해야만 볼 수 있는 크기니까 말이야.

하지만 요즘엔 점점 커다란 바이러스도 발견되고 있어. 지금까지는 피토바이러스(Pithovirus)가 가장 크다고 알려져 있지. 이 바이러스는 아메바를 감염시키는 막대 모양의 바이러스로, 길이가 1.5마이크로미터이고 지름이 0.5마이크로미터에 이른다고 해. 일부 세포보다 더 큰 정도라고 할 수 있지. 하지만 가장 큰 것으로 알려진 이런 바이러스도 광학현미경으로 겨우 확인할 수 있는 정도야.

2. 바이러스에 껍질이 있다고?

캡시드는 그리스어 capsa(상자, box)에서 유래했는데, 바이러스의 유전체를 둘러싸는 단백질 껍질이야. 캡시드는 하나의 커다란 통짜 단백질이 아니라 여러 개의 단백질 분자들로 이루어져 있지. 이 단백질 분자가 서로 연결되어 캡소미어라는 단위를 만들고, 캡소미어들이 다시 캡시드를 이뤄. 캡시드를 축구공이라고 한다면, 흰색 육각형과 검은색 오각형은 캡소미어에 해당한다고 생각할 수 있어.

하나의 캡시드를 이루는 단백질의 종류는 그리 많지 않아. 바이러스의 종류에 따라 캡시드는 막대형이거나 다각형 또는 복합형의 형태를 띠어. 어떤 바이러스의 캡시드는 단일한 단백질의 복사본이 모여 만들어지고 비교적 단순해. 또 다른 바이러스의 캡시드는 몇 가지 다른 단백질의 복사본이 모여 만들어지고 더욱 복잡하지.

막대 모양 캡시드는 길고 가느다란 모양이라서 그런 이름이 붙었는데, 그 중에 제일 잘 알려진 것이 최초로 발견된 담배모자이크바이러스야. 담배모자이크바이러스는 단일한 종류의 단백질 분자 수천 개가 핵산 주변에 나선형으로 배열되면서 단단한 막대형 캡시드를 이루지. 그래서 막대 모양 바이러스는 나선형 바이러스라 불리기도 해.

다각형의 캡시드는 캡시드 단백질 여러 개가 모인 정삼각형 캡소미어가 만드는 이십면체를 기본 구조로 배열되어 있어. 이런 바이러스를 비롯한 다른 비슷한 형태를 정이십면체 바이러스라 부르지. 종류에 따라 이 이십면체 기본 구조의 모서리가 깎이면서 더 면이 많은 다면체를 형성하기도 해. 예를 들면 동물의 호흡기를 감염시키는 아데노바이러스의 캡시드는 동일한 캡시드 단백질 252개의 복사본으로 이루어졌어. 개를 감염시키는 매우 작은 바이러스인 파보바이러스는 동일한 캡시드 단백질 60개의 복사본으로 이루어진 캡시드를 갖지. 캡시드는 각각 5개의 캡시드 단백질로 이루어진 12개의 캡소미어로 조직돼. 캡소미어라는 이 다각형 기본 구조는 최소한의 부피를 가지며 구조적으로 매우 단단해서 안쪽의 핵산을 잘 보호할 수 있어.

다각형의 캡시드 중에는 비누 방울과 같은 지질로 이루어진 외막을 갖는 종류가 있어. 독감바이러스나 코로나바이러스에서 이런 구조가 나타나는데 외막에 숙주세포와 결합할 수 있는 당단백질을 가지고 있지.

복합형 캡시드는 다각형 캡시드와 막대 모양(나선형) 캡시드의 혼합형이야. 이들은 다각형의 머리와 막대 모양의 꼬리로

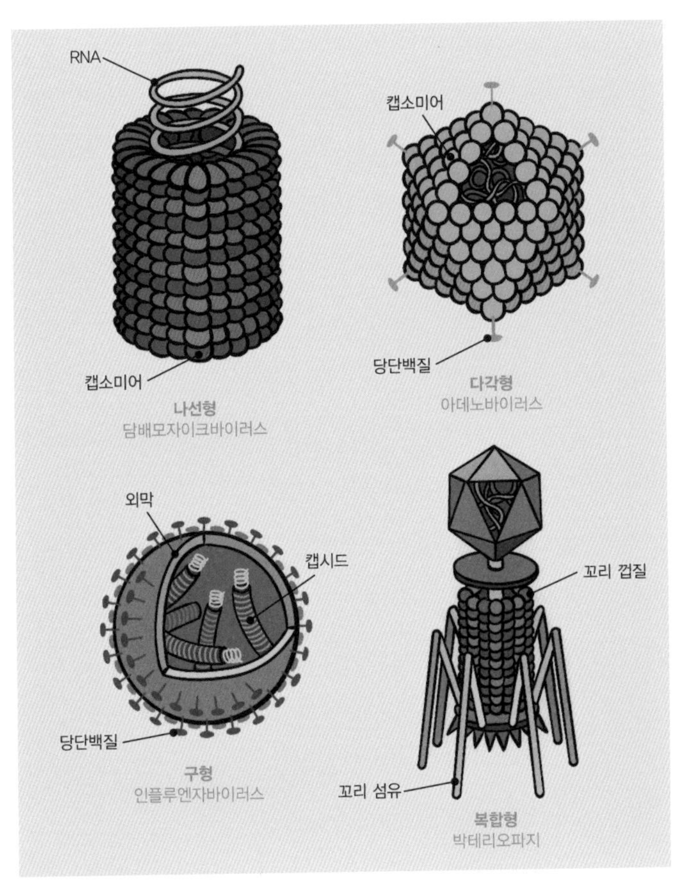

2-2 바이러스의 종류

이루어져 있어. 박테리오파지(bacteriophage) 또는 간단하게 파지(phage)라 불리는 박테리아를 감염시키고, 증식하는 바이러스의 캡시드 형태가 가장 복잡하지. 박테리오파지는 핵산과 몇 종류의 효소를 지니고 있고 단백질 껍질로 싸여 있으며 각각 특정한 박테리아에만 감염하는 특징이 있어.

대장균을 특이적으로 감염시키는 7종의 파지에 대한 연구가 가장 먼저 이루어졌어. 이들 7종의 파지를 비슷한 특성을 가진 2가지 형으로 나눴는데, T1, T3, T5, T7과 같은 종류를 홀수 파지, T2, T4, T6와 같은 종류를 짝수 파지라고 분류했지. 세 종류의 T-짝수 파지는 구조가 매우 비슷한 것으로 알려져 있어. T-짝수 파지의 캡시드는 이십면체의 머리 구조에 단백질 꼬리가 달려 있고, 꼬리에는 특정한 박테리아에 부착하는 역할을 하는 꼬리 섬유가 뻗어 있지. 머리에는 유전물질인 핵산이 들어 있어.

캡시드 단백질은 언제나 바이러스 핵산에 의해서 암호화돼. 이것은 캡시드 단백질을 만들라고 지시를 내리는 것이 숙주세포가 아니라 바이러스라는 의미야.

3. 바이러스도 외막이 있다고?

후천성면역결핍증(AIDS, 에이즈)을 유발하는 인간면역결핍바이스(HIV)와 광견병 바이러스, 독감 바이러스 등 여러 바이러스들은 유전체와 캡시드를 둘러싸는 바깥막인 외막을 가지고 있어. 외막은 바이러스가 새로운 숙주세포에 침투하도록 돕지. 외막은 특히 동물을 감염시키는 바이러스인 동물 바이러스에서 흔히 존재하지만, 그렇다고 모든 동물 바이러스에서 존재하는 건 아니야.

이 외막은 비누 방울과 비슷한 막 지질과 이 막 지질에 박혀 있는 막 단백질로 이루어졌어. 그런데 이 막 지질과 대부분의 막 단백질은 바이러스가 합성한 것이 아니야. 바이러스 캡시드가 세포를 빠져나오는 동안에 새싹이 움트듯이 숙주세포의 세포막을 밀고 나오면서 막을 뒤집어쓰게 되고, 세포 밖으로 방출돼 외막을 갖게 돼. 즉, 숙주세포에서 방출되어 나올 때 숙주세포의 지질막을 뜯고 나옴으로써 외막을 형성하기 때문에 보통 숙주의 인지질과 단백질 및 바이러스 당단백질(단백질에 당 분자가 결합한 화합물)로 구성되지.

그러나 외막에 존재하는 어떤 단백질은 바이러스 유전자에 의해서 합성되는 거야. 외막에는 바이러스가 만들어 낸 당단백질이 있어. 당단백질의 단백질 부분과 당 분자는 숙주세포에서 따로 따로 만들어져 합쳐진 다음에, 숙주세포에서 먼저 뒤집어쓴 외막에 삽입되어 막의 표면에 자리 잡는 거야. 바이러스의 외막에 돌출하는 당단백질은 열쇠, 숙주세포의 표면에 존재하는 수용체 분자는 자물쇠의 역할을 하게 돼. 이 둘의 조합이 맞으면 바이러스는 숙주세포의 문을 따고 들어가서 감염시키게 돼.

4. 바이러스의 유전물질은 무엇으로 되어 있을까?

생물체가 가지고 있는 유전물질은 염기, 당, 인산으로 이루어진 뉴클레오티드 단위가 긴 사슬 모양으로 중합된 고분자로 이루어진 핵산이야. 바이러스도 생물체와 마찬가지로 유전물질인 핵산을 가지고 있어. 그런데 바이러스가 갖는 유전물질은 사람을 포함한 대부분의 생물체들이 갖는 핵산인 이중 가닥 DNA뿐만이 아니야. 바이러스의 유전 정보를 담당하는 핵산 분자를 바이러스 유전체라고 말하는데, 이 핵산의 종류가 DNA냐, RNA냐에 따라 DNA 바이러스 또는 RNA 바이러스로 크게 나눌 수 있어. 두 종류의 바이러스는 대개 단일한 선형 또는 원형인 형태의 핵산 분자를 가져. 바이러스 유전체는 일반적으로 세포 생물의 유전체보다 훨씬 작지만 형태, 크기, 변이에 있어서는 다양하게 존재해. 독감바이러스와 같은 바이러스의 유전체는 여러 분자의 핵산 조각으로 나누어져 있지.

핵산 분자에는 바이러스의 캡시드와 유전물질을 복제하는 데 필요한 효소들을 만들라고 지시하는 유전자가 존재해. 바이러스는 숙주세포에서 다른 세포로 핵산을 전파시키는 데 꼭 필요한 만큼만 단순화되어 있어. 서너 개의 유전자만을 포함하는 간단한 바이러스의 핵산이 있는 반면, 수백 개 또는 수천 개의 유전자들을 포함하는 복잡한 바이러스의 핵산도 있지.

유전물질에 대해서는 다음 장에서 더 자세히 설명할게.

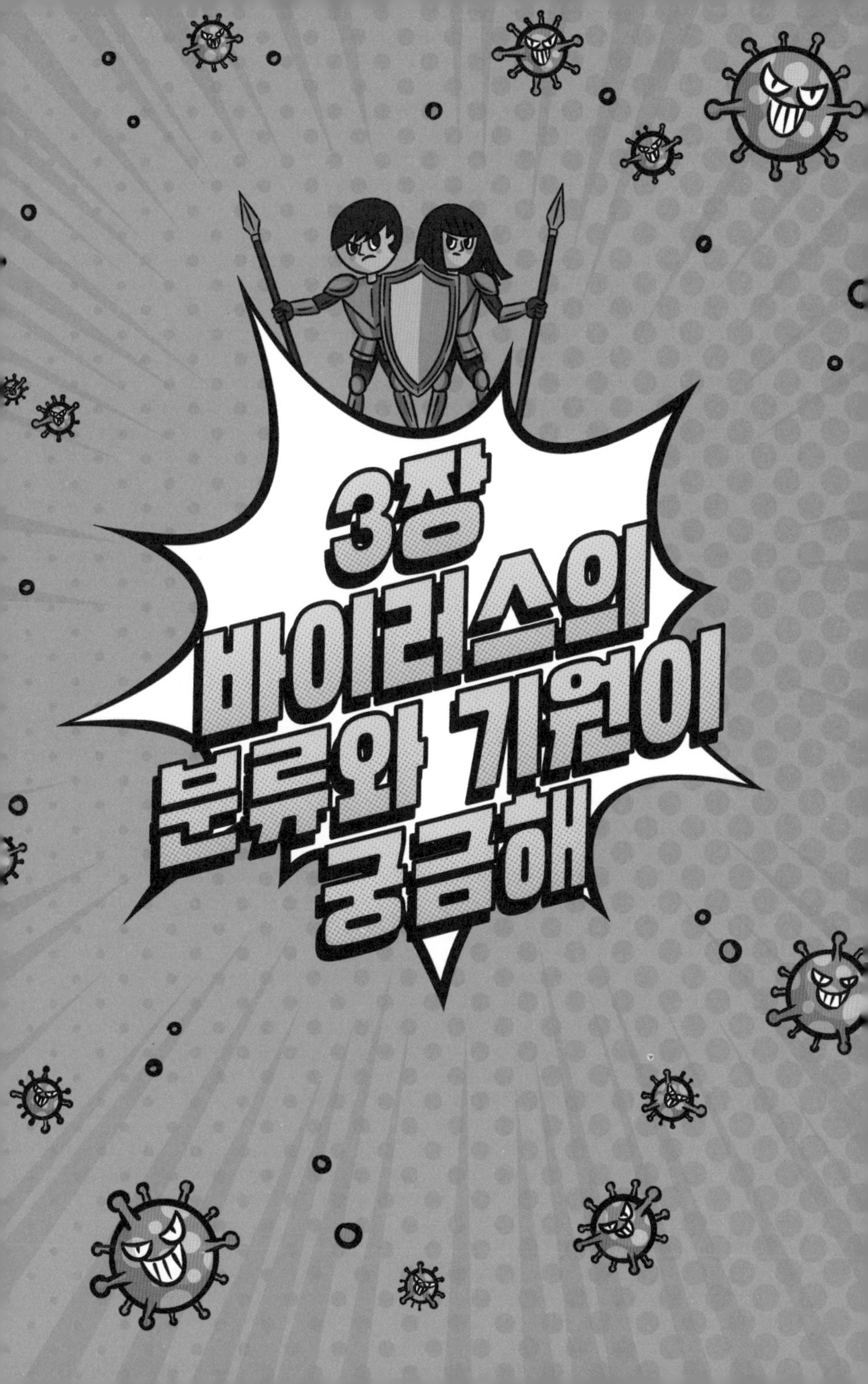
3장
바이러스의
분류와 기원이
궁금해

바이러스는 여러 형태로 존재하고, 다양한 방식으로 살아가지. 바이러스는 숙주에 따라서 식물 바이러스, 동물 바이러스, 박테리오파지(세균 바이러스) 등으로 나눌 수 있어. 이 이외에도 바이러스의 모양과 바이러스 외막의 존재 여부에 따라 바이러스를 세밀하게 분류해.

최근 많이 사용되는 볼티모어 시스템은 기본적으로 유전물질의 종류에 따라 바이러스를 분류하는 거야. 유전물질로 사용하는 분자가 DNA인지 또는 RNA인지, 그 유전물질이 단일 가닥인지 혹은 이중 가닥인지, 그리고 그 유전물질이 메신저 RNA(mRNA)■를 어떤 방법으로 만드는지에 따라 바이러스를 분류하지.

■핵 안에 있는 DNA의 유전 정보를 해독해서 세포질 안의 리보솜에 전달하는 RNA야. 바이러스의 유전 정보가 들어 있지.

1. 볼티모어 분류법으로 그룹 나누기

바이러스가 속하는 그룹을 알면 바이러스의 기본적인 특성과 증식 방법을 대략 추론할 수 있어. 그림은 우리가 살펴볼 내용을 요약해 놓은 거야. 개별적으로 다룰 7개의 그룹이 있는데, 각 항목에 대해 이해해야 할 몇 가지 요점을 살펴보려고 해. 내용이 어려우면 다른 부분을 읽고 나서 다시 읽으면 이해가 더 잘 될 거야. 볼티모어 분류법은 우리가 알고 있는

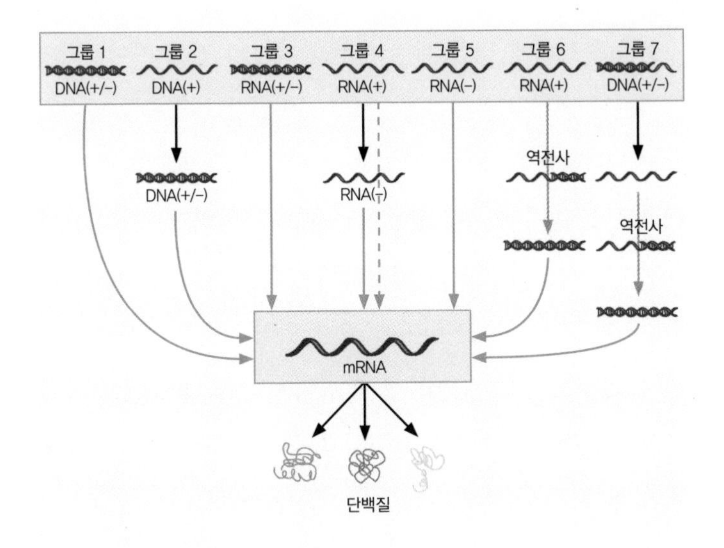

3-1 볼티모어 분류법으로 나눈 바이러스 그룹

바이러스의 기준(DNA, RNA)을 바탕으로 그림을 살펴보면 이중 가닥 DNA인 그룹 1이 있어. 단일 가닥 DNA인 그룹 2, 이중 가닥 RNA인 그룹 3이 있지. 양성 단일 가닥 RNA인 그룹 4가 있는데, 이는 기본적으로 mRNA와 같아. 또 음성 단일 가닥 RNA인 그룹 5, 이중 가닥 DNA 중간체를 갖는 양성 단일 가닥 RNA인 그룹 6, 틈이 있는 이중 가닥 DNA인 그룹 7이 있지.

단백질을 만드는 숙주의 번역 기구는 기본적으로 mRNA만 번역할 수 있어. 이 그림에서 mRNA를 상자 속에 넣어 강조한 이유야.

모든 유전체에 대한 세부 사항을 다루기 전에 바이러스의 목적은 유전체의 복사본을 만들고, 이러한 유전체를 바이러스로 재포장하여 새로운 숙주를 감염시킬 수 있도록 하는 것이라고 할 수 있어. 따라서 이것은 모든 바이러스가 그들의 유전자를 숙주의 기구가 번역할 수 있는 기능적인 mRNA로 만들어야 한다는 것을 의미해. 숙주 번역 기구를 지시하여 최종적으로 바이러스 단백질을 합성해야 하지. 또한 유전체를 복제하여 새로운 숙주를 감염시킬 수 있도록 포장해서 내보내야 해.

2. 유전물질 분자가 DNA인 바이러스

그룹 1, 2, 7이 해당돼. 모든 DNA 바이러스는 이중 가닥 DNA 바이러스를 거쳐야 하지. 자세히 살펴볼까?

그룹 1. 이중 가닥 DNA 바이러스

대부분의 DNA 바이러스는 이중 가닥 DNA를 유전체로 갖지. 이 바이러스는 숙주세포의 핵에서 복제를 하고, 동물에서 암을 발생시킬 수 있어. 어떤 생물학자들은 최소 몇 종류의 DNA 바이러스는 세포성 생물이 크게 퇴화해서 세포성 구조와 자유생활 능력을 상실했다고 생각하고 있지.

가장 큰 DNA 바이러스 중 하나인 미미바이러스, 사람에게서 천연두나 단순 포진을 유발하는 바이러스, 그리고 박테리아를 감염시키는 파지는 일반적으로 이중 가닥 DNA 바이러스야. 이중 가닥 DNA는 그대로 mRNA로 전사* 되고 그 이후 이를 바탕으로 하여 바이러스의 단백질로 번역** 되지. 바이러스가 자신의 유전체를 복제하기 위해서는 이중 가닥 DNA

* DNA를 원본으로 사용하여 mRNA를 만드는 과정을 말해.
** mRNA를 원본으로 사용하여 단백질을 만드는 과정을 말해.

가 단일 가닥으로 풀린 다음 각각의 가닥에 짝이 맞는 새로운 사슬을 만들게 돼.

그룹 2. 단일 가닥 DNA 바이러스

아주 작은 DNA 바이러스나 파보바이러스는 유전물질이 단일 가닥 DNA야. 파보바이러스는 기다란 DNA를 갖는 반면, φX174, M13, fd 파지와 같은 어떤 바이러스는 단일 가닥으로 된 고리형 DNA를 유전체로 갖지. 합성효소를 사용하여 단일 가닥 DNA를 이중 가닥 DNA로 먼저 만든 다음, 그룹 1의 바이러스와 같은 방식으로 mRNA와 단백질을 만들게 되지.

그룹 7. 틈이 있는 이중 가닥 DNA 바이러스

그룹 1의 이중 가닥 DNA와 비슷하지만, DNA 가닥 사이에 틈이 있어. 이 틈을 메꿔서 온전한 이중 가닥 DNA를 먼저 만들어야 해. 그 다음에야 그룹 1의 경우와 마찬가지로 이 DNA를 바탕으로 mRNA 가닥을 전사할 수 있어. 유전체를 복제하는 방식은 그룹 1과 크게 차이가 있지. 여기서는 만들어진 mRNA 가닥을 주형으로 해서 DNA를 만들게 돼. RNA에서 DNA가 만들어지기 때문에 관여하는 역전사효소■는 RNA

의존성 DNA 중합효소라고 하지.

3. 유전물질 분자가 RNA인 바이러스

RNA 바이러스 유전체는 유전체를 복제하거나 mRNA를 만들 때 자신의 중합효소만을 이용해야 해. 숙주에는 RNA를 중합하는 효소가 없기 때문이야.

그룹 3. 이중 가닥 RNA 바이러스

이 바이러스의 특징은 이중 가닥 RNA가 여러 개의 토막으로 이루어진다는 데 있어. 아마도 단일 가닥 RNA 조상으로부터 반복적으로 진화했을 거야. 서로 계통적으로 밀접한 관계가 없는 이들 바이러스는 식물, 곤충 그리고 포유류 등 다양한 생물을 감염시키지. RNA 복제는 비대칭적인 방법으로 일어나. 먼저 이중 가닥 RNA 중 한 가닥이 틀로 쓰이고, 거기서 생긴 mRNA가 바이러스 단백질과 이중 가닥 RNA

■ RNA를 주형으로 삼아 DNA를 합성해 내는 능력을 갖고 있는 효소야. 레트로바이러스로부터 분리한 효소지.

를 형성하기 위한 틀로 사용되지. 식물 질병은 대개 이중 가닥 RNA 바이러스에 의해 유발돼.

그룹 4. 양성 단일 가닥 RNA 바이러스

양성 단일 가닥 RNA 유전체는 직접 단백질을 만들 수 있는 염기 가닥인 mRNA와 마찬가지라고 할 수 있어. 단백질의 아미노산 정보로 직접 번역될 수 있는 서열 정보를 갖지. 따라서 양성 단일 가닥 RNA 바이러스는 숙주에 들어오면 전염성이 매우 강해. 복제 시에는 양성 단일 가닥 RNA를 틀로 사용해서 음성 단일 가닥 RNA가 만들어지고, 양성 가닥이 다시 복사되어 바이러스 입자로 포장되지.

양성-전사 단일 가닥 RNA 바이러스는 가장 흔하고 다양한 바이러스 종류야. 담배모자이크바이러스를 비롯해서 작물의 질병을 유발하는 대부분의 바이러스가 이 종류에 속하지. 양성-전사 단일 가닥 RNA 바이러스가 유발하는 사람의 질병에는 소아마비, C형 간염, 감기 등이 있어. 신종 코로나바이러스도 이 그룹에 속하는 대표적인 바이러스로, 매우 전염성이 강한 것 같아. 이 종류의 바이러스도 여러 종류의 세포성 조상으로부터 여러 차례 진화된 것으로 보여.

그룹 5. 음성 단일 가닥 RNA 바이러스

음성 단일 가닥 RNA를 유전체로 갖는 바이러스는 홍역, 볼거리, 광견병, 그리고 독감을 일으키는 바이러스들이라고 할 수 있지. 이 바이러스들은 먼저 음성 단일 가닥 RNA를 틀로 사용하여 양성 단일 가닥 RNA가 복사되어야 해. 이 양성 단일 가닥 RNA는 그룹 4에서 살펴보았듯이 바이러스 단백질로 번역되는 mRNA의 역할을 할 수가 있어. 이 mRNA를 틀로 해서 음성 단일 가닥 RNA를 만들면서 복제하게 돼. 세포성 생물은 적어도 바이러스에 감염되지 않으면 이런 방식으로 mRNA를 생산할 수 없어. 하지만 DNA가 유전 정보를 주로 저장하는 분자가 되기 전에는 단일 가닥 RNA가 보편적이었을 것으로 과학자들은 추측하고 있지.

세포의 유전체와 별도로 자기 복제하는 RNA 중합효소 유전자는 아마도 재조합을 통해 숙주 DNA의 몇 가지 단백질을 만들라고 지시하는 유전자를 추가적으로 획득했을 거야. 만일 그중에 바이러스의 캡시드를 발달시키는 유전자가 포함됐다면, 이 바이러스는 숙주를 벗어나서 살아남아 새로운 숙주를 감염시킬 수 있었을 거야. 이런 일은 진화가 진행하는 동안 독립적으로 여러 번 발생했다고 생각돼. 왜냐하면 여러 음성-전사 단일 가닥 RNA 바이러스가 박테리아에서부터 사람에 이르기까지 서로 유연관계가 먼 다양한 생물을 감염시키기 때문이야.

다시 말해 음성-전사 단일 가닥 RNA 바이러스는 단일 계통에 속하지 않는데, 아마도 여러 번 세포로부터 탈출한 특별한 과정을 보여 주는 거라고 생각하고 있어.

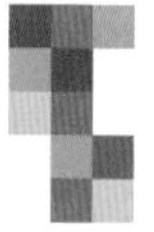

그룹 6. 이중 가닥 DNA 중간체를 만드는 RNA 바이러스

이 바이러스는 흔히 RNA 레트로바이러스라고 하고, 그 중에서 인간면역결핍바이러스(HIV)가 가장 유명해. 레트로바이러스는 증식할 때 RNA 틀로부터 DNA를 합성하는 역전사가 필요하기 때문에 붙여진 이름이야. 숙주인 척추동물의 세포핵에 들어가면, 레트로바이러스는 RNA 틀과 짝이 맞는 이중 가닥 DNA를 만들어 숙주의 유전체에 삽입해. 그러면 바이러스 유전체는 숙주세포의 DNA가 복제될 때마다 함께 복제되지.

이처럼 숙주의 유전체에 삽입된 레트로바이러스를 프로바이러스라고 해. 레트로바이러스는 그 유전체 일부가 박테리아, 식물, 여러 종류의 동물을 포함한 다양한 생물의 유전체 구성 요소와 비슷하지만, 오직 척추동물만 감염하는 것으로 알려져 있어. 몇몇 레트로바이러스는 여러 종류의 암 발생과 관련 있고, 이 바이러스에 감염되면 세포는 제멋대로 분열해.

숙주 유전체에 삽입된 이중 가닥 레트로바이러스는 mRNA를 생산하는 틀의 역할을 하고 이렇게 만들어진 mRNA는 바이러스 단백질을 번역하는 데 사용되지. 어떤 레트로바이러스의 유전체는 숙주의 유전체에 삽입된 후, 상당수가 기능을 상실한 사본이 되어 더 이상 바이러스 생산에 관여하지 않아. 이러한 유전체 서열을 통해 우리는 조상들을 괴롭혔던 고대 바이러스 감염 기록을 알 수 있어. 예를 들어 레트로바이러스에 유래한 유전체는 기능을 갖는 사람의 유전체보다 훨씬 높은 비율로 존재한다고 알려졌어.

인간 바이러스는 7가지의 볼티모어 분류군 모두에서 나타나지만, 식물과 박테리아 바이러스는 몇 가지 집단에서만 나타나지. 우리가 어떤 바이러스를 효율적으로 겨냥할 약품을 개발하기 위해서는 볼티모어 분류군의 어떤 종류에 속하는지, 어떤 생활사를 갖는지 등을 충분히 알 필요가 있어.

3-2 볼티모어 분류법에 따른 바이러스 분류

그룹	특징	mRNA 생산 방식	유전체 복제 방식	예
그룹 1	이중 가닥 DNA 바이러스	이중 가닥 DNA 틀로부터 직접 전사	이중 가닥 DNA 각각의 가닥으로부터 바이러스 유전체인 이중 가닥 DNA 복제.	미미바이러스 단순 포진 바이러스 박테리오파지
그룹 2	단일 가닥 DNA 바이러스	이중 가닥으로 바뀐 DNA 틀로부터 직접 전사	단일 가닥 DNA을 틀로 이중 가닥 DNA 형성. 이후 그룹 1처럼 바이러스 유전체인 단일 가닥 DNA 복제.	개의 파보바이러스 φX174, M13, fd 파지
그룹 3	이중 가닥 RNA 바이러스	RNA 유전체로부터 전사	mRNA는 음성 단일 가닥 RNA를 만들기 위한 틀. 두 가닥이 합쳐 바이러스 유전체 복제.	레오바이러스 로타바이러스
그룹 4	양성 단일 가닥 RNA 바이러스	유전체가 mRNA처럼 기능	mRNA는 음성 단일 가닥 RNA를 만들기 위한 틀. 이 음성 가닥을 틀로 사용하여 바이러스 유전체인 양성 단일 가닥 RNA 복제.	소아마비바이러스, C형간염바이러스, 감기 바이러스, 신종 코로나바이러스
그룹 5	음성 단일 가닥 RNA 바이러스	RNA 유전체로부터 전사	음성 단일 가닥을 mRNA를 만드는 틀로 사용. mRNA는 바이러스 유전체인 음성 단일 가닥 RNA를 만들기 위한 틀.	홍역바이러스 볼거리바이러스 광견병바이러스 독감바이러스
그룹 6	역전사효소를 갖는 단일 가닥 RNA 바이러스	숙주 유전체로 통합된 DNA로부터 전사	숙주 유전체로 통합된 DNA로부터 바이러스 유전체인 mRNA 복제.	인간면역결핍바이러스
그룹 7	역전사효소를 갖는 이중 가닥 DNA 바이러스	틈이 채워진 이중 가닥 DNA로부터 전사	DNA에서 mRNA 전사한 후 mRNA에서 DNA를 역전사.	B형간염바이러스

4. 바이러스의 3가지 탄생 기원설

바이러스의 구조와 구성 유전체가 서로 다르다는 사실 때

문에 학자들은 도대체 이 다양한 바이러스들이 어떻게 만들어졌을까 궁금해졌어. 사실, 바이러스는 다양한 환경에서 풍부하게 존재해. 담수와 해양 생태계에는 1밀리리터의 물에 1억 마리나 들어 있을 정도야. 생물학자들은 지구상에 약 10^{31}개의 바이러스 입자가 존재할 것으로 추정하고 있지. 이것은 모든 세포성 생물 개체 수의 약 1000배 정도에 해당하는 양이야.

바이러스는 해양 생태계에 막대한 영향을 미쳐. 매일 해양에 존재하는 박테리아의 절반 정도가 바이러스에 의해 공격받아. 또한 박테리오파지는 한 박테리아에서 다른 박테리아로 DNA를 활발하게 옮기는 작용을 하지. 적조 현상을 없애는 것도 바이러스의 작용 때문이라고 알려져 있어.

이처럼 바이러스는 모든 곳에 존재하고 생태계에서 중요한 역할을 하지만 아직도 이들의 생태와 진화에 대해 알려진 건 거의 없어. 몇 가지 이유 때문에 바이러스의 계통 진화를 추적하는 게 매우 어렵거든. 어떤 이유냐고? 첫째, 바이러스의 유전체는 매우 작기 때문에 바이러스가 어떤 세포성 생물과 관련돼 있는지 밝히는 계통 발생학적 분석에 한계가 있어. 둘째, 돌연변이율이 높아서 바이러스 유전체의 빠른 진화를 유발하기 때문에 진화적으로 어떤 계열인지 파악하기 곤란해.

셋째, 바이러스는 너무 작아서 화석이 되기 어렵기 때문에 고생물학적 자료도 바이러스의 기원에 관한 단서가 될 수 없어. 마지막으로 넷째, 바이러스는 너무 다양해.

그래서 바이러스가 어떻게 시작되었고 진화했는지에 대해 의견이 분분해. 여전히 미스터리지. 하지만 과학자들은 바이러스의 기원을 설명하기 위해 크게 3가지 이론을 제안했어.

선행 가설: 바이러스가 세포보다 먼저야

첫 번째 선행 가설은 바이러스가 세포보다 앞서서 나타났고 세포 생명의 출현에 기여했다고 주장해. 왜 이런 주장이 나왔을까? 바이러스 유전체에는 세포에서 찾아볼 수 없는 많은 유전체 서열이 있어. 이러한 바이러스가 갖는 특이한 서열이 바이러스가 독특한 기원을 가지고 있다는 주장을 뒷받침하지.

과학자들은 대부분 최초의 바이러스가 환경에 존재했던 단백질로부터 진화했다고 추정하고 있어. 이 모델이 맞다는 증거는 광우병으로 잘 알려진 감염성 단백질인 프리온(prion)으로부터 오지. 프리온은 DNA나 RNA를 포함하고 있지 않지만 자기 복제를 할 수 있는 분자야.

하지만 이 선행 가설은 바이러스라는 존재의 성격 때문에

곧바로 벽에 부딪혀. 바이러스가 증식하기 위해서는 세포성 숙주가 필요하거든. 그렇기 때문에 바이러스가 생존하기 이전에 세포가 존재해야 한다는 것을 알 수 있어. 따라서 바이러스는 세포의 형태를 이루기 전에 나타난 생물체의 후손이라고 할 수 없고, 최초의 세포가 태어난 이후, 아마도 오랜 세월이 흐른 다음에서야 등장한 것으로 추측하지. 이런 치명적인 약점 때문에 생물체 탄생 이전에 바이러스 세계가 독립적

으로 존재했다는 선행 가설은 받아들이기 어려워.

탈출 가설: 세포야 안녕, 나중에 만나

두 번째는 탈출 가설이야. 어디서 탈출했냐고? 바이러스가 기생했던 숙주세포지. 바이러스가 한때 숙주세포에 있는 유전물질의 일부였지만, 세포의 통제를 벗어나 수평적 유전자 전달에 의해 진화되었다는 가설이야.

대부분의 생물학자들은 바이러스가 살아 있는 세포에 있는 유전물질의 일부에서 만들어진 DNA 분자의 절편이거나, 그렇지 않으면 이들 유전물질의 RNA 복사체라고 생각해. 그러

다가 어떤 경로를 통하여 이 절편들이 인식 기능을 가진 단백질의 보호막에 둘러싸여 어버이 세포로부터 탈출했다는 거지. 캡시드 단백질을 암호화하는 유전자가 진화하면서 아마 손상이 없는 세포에도 옮겨가게 되었을 거야. 그리고 바이러스가 진화하면서 바이러스의 유전 정보는 동일한 종을 더 많이 생산하는 방향으로 단순해졌겠지.

이런 특성은 바이러스 유전체가 다른 바이러스보다 자신의 숙주 유전체와 더 비슷하다는 관찰 결과와 연관돼. 사실 바이러스의 어떤 유전자는 본질적으로 숙주 유전자와 같아. 많은 바이러스 유전체 염기 서열이 최근에 결정되었는데, 이와 같은 유전적 유사성을 보면, 숙주로 작용했던 진핵세포들과 바이러스들의 초기 진화 과정 중에 선택된 바이러스 유전자들이 계속 남아 있다는 걸 알 수 있어.

최초의 바이러스는 자기 복제 능력과 보호하는 단백질 껍질을 형성하는 능력을 획득한 mRNA 분자와 같았을 거야. 이로써 그들은 세포를 필요로 하지 않고도 존재할 수 있게 되었어. 최초의 세포성 생물 이후에 RNA 바이러스와 DNA 바이러스 모두가 존재했겠지. 따라서 이것은 바이러스의 '세포 이후(세포 탈출)' 이론으로 간주될 수 있어. 진핵세포 바이러스는 진핵 유전체에서 유래했고, 박테리아는 박테리오파지를 형성

했겠지. 그러나 이 방법은 복합 캡시드와 다른 입자들이 왜 바이러스에서는 존재하고 숙주세포에는 없는지를 설명하지 못해.

탈출 가설은 세포에는 없고 바이러스에만 있는 독특한 구조를 설명하지 못하지만, 많은 학자들은 여전히 바이러스를 세포성 생물의 유전체 일부가 탈출한 것으로 생각하고 있어. 이 가설에 따르면 현재 바이러스는 세포성 생물 종에 기생하고 있지만, 많은 바이러스는 한때 기본적인 세포 기능에 관여하던 세포의 구성 요소였을지 몰라. 다시 말해, 이들은 세포성 생물을 '탈출한' 구성 요소로, 이제는 숙주와는 무관하게 진화 중이라고 할 수 있지.

퇴행 가설: 바이러스는 세포의 후손

세 번째, 퇴행 가설은 거대 바이러스가 발견되면서 등장했지. 2003년 발견된 미미바이러스의 가장 놀라운 특성은 일부 바이러스 유전자가 세포 유전체의 기본적인 특성으로 간주되었던 단백질 합성을 지시한다는 점이야. 2013년에는 더욱 거대한 판도라바이러스가 발견되었는데 2000여 개에 이르는 유전자의 90퍼센트 이상이 기존의 생물체에 존재하는 유전자와 연관되지 않았어.

미미바이러스와 판도라바이러스의 등장은 바이러스가 세포 이전에 이미 있었다거나(선행 가설) 세포에서 떨어져 나와 진화한 형태(탈출 가설)라는 이론으로는 바이러스를 온전히 설명하기 어렵게 만들었어. 원래 바이러스는 세포에 기생하는 게 일반적인데, 이 거대한 바이러스는 기생하는 세포보다 크기가 클 뿐더러, 기능면에서도 세포의 능력을 가지고 있었거든. 때문에 바이러스가 기생 생물체 세포가 퇴행해서 나왔다는 이론이 등장했고, 이것이 바로 퇴행 가설이야.

이 가설은 바이러스가 아마도 박테리아라고 추정되는 세포

성 생물로부터 기원했을 것이라고 추정해. 세포성 생물이 자신의 유전자를 점차 버리는 능력을 얻게 되면서 보다 단순한 생물이 되었는데, 이것이 우리가 보는 바이러스라는 거지. 바이러스가 박테리아로부터 유래했다는 증거는 오늘날에도 바이러스와 특성이 아주 유사한 박테리아가 존재한다는 점이야. 그 첫 번째 사례는 부크네라(Buchnera)라고 알려진 박테리아인데, 진딧물을 감염시켜. 이들은 유전체의 70퍼센트 이상을 버려. 두 번째 사례로 클라미디아(Chlamydiae)는 스스로 증식할 수 없는 박테리아이며 바이러스와 유사하게 숙주세포가 있어야 해. 세 번째는 리케차(Rickettsa)인데, 이것의 복제 사이클은 레트로바이러스와 상당히 유사하지. 리케차는 건강한 세포를 감염시키고 그 유전자를 숙주와 교환하고, 그 다음 세포로 이동해. 그러나 이 과정은 바이러스의 기원을 설명해 줄 수 없는데, 왜냐하면 이 둘은 구조적으로 유전적으로 다르고, 바이러스의 유전체 크기는 박테리아보다 훨씬 작기 때문이야. 따라서 박테리아에서 관찰되는 것처럼 커다란 유전체를 가지고 이전에 존재했는지는 확실하지 않아.

우리는 바이러스의 출현을 추측하는 3가지 이론을 살펴보았어. 그중 어떤 것도 바이러스의 기원을 완벽하게 설명해 주지 못한다는 한계가 있지. 그래서 최근에는 바이러스와 현생 세포가 원시바이러스세포라는 공통 조상으로부터 비롯되었다는 주장도 새롭게 등장했어. 하지만 이 또한 바이러스와 세포 간의 진화적 유연관계를 아주 먼 과거에서 찾기 어려운 현실적 어려움에 부딪혔지. 과학자들은 대신 바이러스의 유전체가 RNA 또는 DNA로 구성되었는지, 이중 가닥 또는 단일 가닥인지 등 유전체의 구조에 기초해 기능적으로 유사한 다수의 그룹으로 분류하는 방법을 택하고 있어.

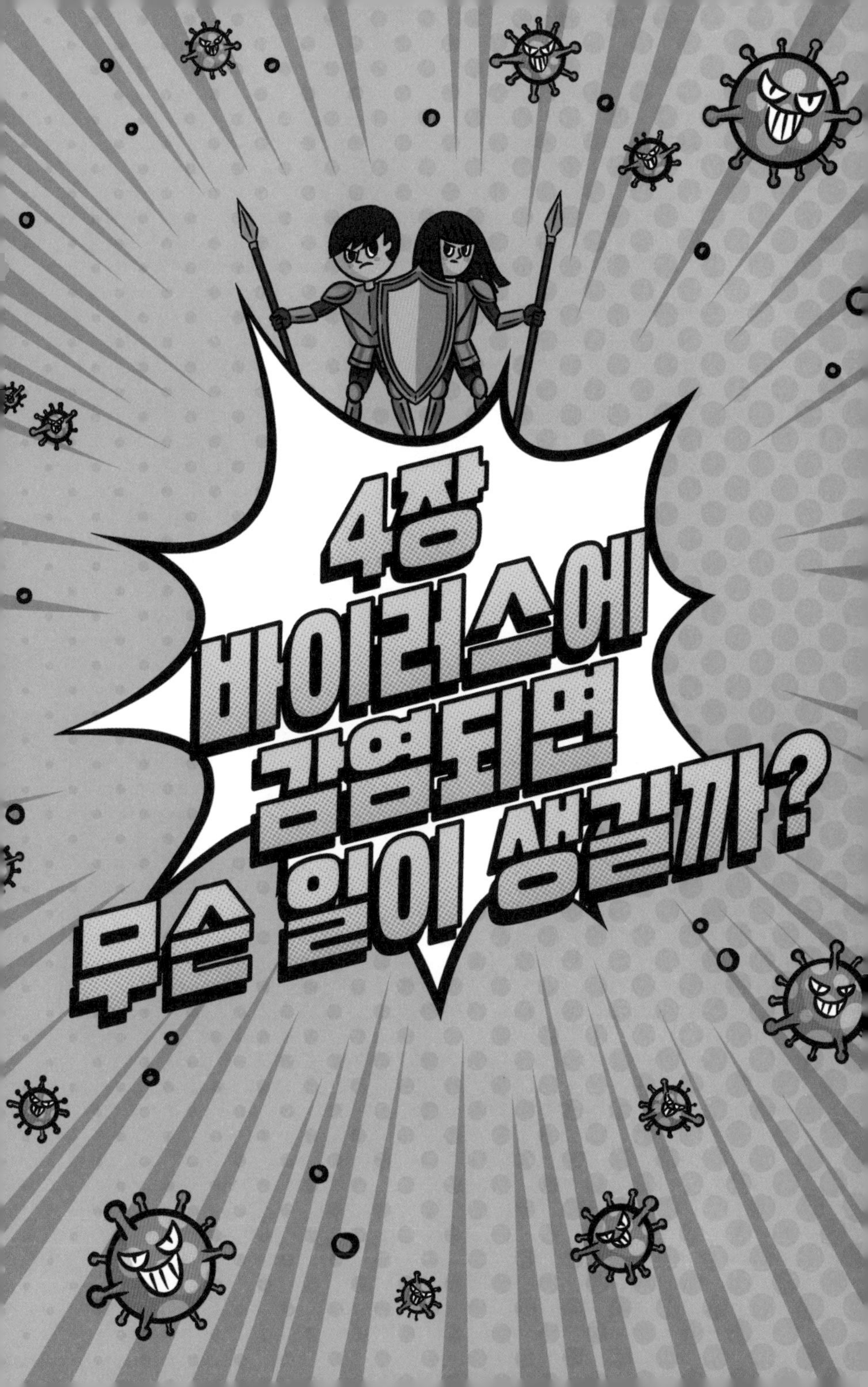
4장
바이러스에
감염되면
무슨 일이 생길까?

바이러스는 숙주를 감염시킬 수 있지만 각각의 바이러스는 아무 숙주나 감염시키는 게 아니야. 한정된 종류의 숙주만 감염시킬 수 있고, 이런 특성을 바이러스의 숙주 범위라고 하지. 바이러스가 인식 체계를 진화시키면서 숙주를 골라 감염시키는 특이성이 생겨났어. 바이러스의 표면 단백질과 숙주세포의 외부에 있는 특이적인 수용체 분자 사이에서 '열쇠와 자물쇠'와 같은 상호작용이 일어나면, 이와 같은 작용에 의해 숙주세포를 인식하고 숙주세포로 들어가는 문이 열리게 돼.

어떤 바이러스는 마스터키처럼 숙주 범위가 넓어. 예를 들어, 웨스트나일바이러스나 말뇌염바이러스는 서로 완전히 다른 바이러스이지만 모기, 새, 말, 인간 등의 다양한 생물체를 감염시킬 수 있지. 반면 홍역바이러스처럼 숙주 범위가 좁아서 사람이라는 단 한 종의 생물체만 감염시키는 바이러스도 있어. 바이러스는 숙주의 종류에 따라 박테리오파지■, 식물 바이러스, 동물 바이러스로 나뉘어. 그럼 하나하나 자세히 살펴보도록 할게.

■ 세균을 먹는(죽이는) 바이러스를 말해. 최근 과학자들은 항생제를 대체할 강력한 수단으로 박테리오파지에 관심을 보이고 있어.

1. 박테리오파지가 살아가는 법

바이러스의 감염은 바이러스마다 조금씩 차이가 있지만 대개 부착, 침투, 합성, 조립, 방출이라는 다섯 단계로 나눌 수 있을 것 같아.

첫 번째 단계 **'부착'**은 바이러스가 숙주세포 표면의 수용체에 결합하는 단계야.
두 번째 단계 **'침투'**에서 바이러스의 핵산이 숙주세포 안으로 분비되지.
세 번째 단계 **'합성'**은 숙주세포가 바이러스의 핵산과 단백질을 만드는 단계야.
네 번째 단계 **'조립'**에서 새롭게 합성된 캡시드 단백질, 효소, 핵산으로부터 새로운 바이러스가 조립되지.
다섯 번째 단계 **'방출'**에서 새로운 바이러스는 숙주세포를 떠나.

바이러스가 처음으로 감염되어 숙주세포에서 방출되는 데 걸리는 시간은 바이러스마다 달라. 박테리오파지가 세포를 감염시키고 복제하는 데는 30분 정도의 시간만 있으면 되지.

이와는 달리 몇몇 동물 바이러스는 처음 감염된 후에 마지막 바이러스 입자 방출까지 몇 년이 걸리는 경우도 있어.

박테리아도 병에 걸릴 수 있다

박테리아는 우리를 병에 걸리게 만들 수 있지만, 박테리아도 병에 걸릴 수 있어. 박테리아도 바이러스에 감염될 수 있다는 연구 결과는 프레데릭 트워트(Frederick W. Twort)에 의해 1915년에 처음 보고되었어. 트워트는 구균과 장내 박테리아를 감염시켜 파괴하는 박테리아성 바이러스를 분리했지만 더 이상 연구를 진행하지는 않았지.

박테리아를 감염시켜 먹는(죽이는) 바이러스를 박테리오파지, 또는 줄여서 파지라고 해. 파지는 유전물질의 정체가 DNA라는 것을 확인하기 위해 처음으로 쓰였던 바이러스고, 우리가 비교적 잘 알고 있는 바이러스의 종류야. 파지는 종류에 따라 모양과 유전물질이 상당히 달라. 파지의 캡시드는 다각형, 막대 모양(나선형) 혹은 복합형을 가져. 복합형의 캡시드는 동물 바이러스나 식물 바이러스에서는 발견되지 않는, 파지와 그의 가까운 친척만이 갖는 독특한 구조야. 여기서 우리는 파지가 자신의 박테리아 숙주를 감염시키는 데 사용하는 2가지 다른 회로를 살펴보려고 해. 파지가 숙주세포에 부착하여 유전물질을 주입시킨 뒤, 세포를 곧바로 죽이거나 아니면 세포 내에 잠복할 수도 있어. 파지는 살아가는 방식이 가장 복잡한 종류의 바이러스로 잘 알려져 있는데, 용균성 방식과 용원성 방식이 있지.

용균성 방식

용균성 방식에서 파지는 대부분의 바이러스처럼 숙주세포를 파괴하고 나오는 방식으로 증식하지. 파지가 숙주세포에 결합하여 유전체를 안에 주입하면 감염이 시작돼. 파지는 숙주세포의 대사를 가로채고, 숙주세포의 자원을 사용해 많은 새로운 파지를 만들어. 그 과정에서 숙주세포를 용해시켜 죽게 하는데, 이런 복제 방식을 용균성 생활사 방식이라고 해. 용균성 방식만으로 증식하는 파지를 '독성 파지'라고 하는데, 그림은 전형적인 독성 파지인 T4의 용균성 방식을 단계별로 설명하고 있어. 그림에서 용균성 방식을 잘 이해한 후 다음 단계로 넘어가볼까?

다른 바이러스와 마찬가지로 파지도 번식하기 위해서는 숙주세포를 감염시켜. 파지가 숙주 박테리아에 유전체를 주입하는 방식은 파지나 숙주 박테리아의 종류에 따라 약간씩 달라. 파지의 꼬리 단백질은 박테리아 세포의 표면에 있는 특이

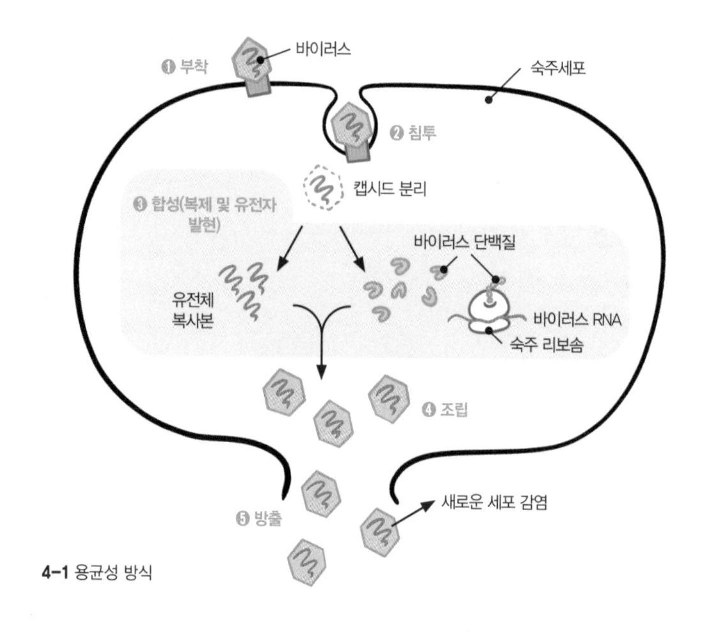

4-1 용균성 방식

적인 수용체에 결합해. 그 다음 파지는 정교한 꼬리 구조를 사용하여 박테리아 세포 안으로 DNA를 주입하지. 일단 파지 유전체가 세포 안에 들어가면 바이러스 유전체에서 만들어 내는 단백질이 숙주세포를 좌지우지하게 돼. 이 과정에서 세포의 합성 프로그램을 파지에게 유리하게 바꿔 파지의 핵산과 단백질을 합성하도록 하지.

숙주 박테리아는 이제 파지의 명령대로 움직이는 로봇이나 마찬가지야. 숙주 박테리아는 파지의 유전체와 단백질 합성에 필요한 기구와 성분을 제공하는 역할을 하게 돼. 파지의 핵산 분자와 캡소미어가 만들어지면 저절로 새로운 바이러스 입자가 조립되지.

파지처럼 가장 단순한 형태의 바이러스 복제 방식은 감염된 숙주세포에서 수백 또는 수천의 자손 바이러스가 방출되는 것으로 끝나게 돼. 용균성 방식 후반에 파지는 세포막과 세포벽에 구멍을 뚫는 단백질 유전자를 발현하지. 구멍을 통해 세포 밖의 물이 안쪽으로 들어오면 세포는 물이 들어 있는 팽팽한 풍선처럼 부풀었다가 터져. 이 과정에서 숙주세포가 손상되거나 죽을 수 있어. 바이러스에 감염되었을 때 나타나는 여러 증상은 숙주세포의 손상과 죽음, 그리고 이에 따른 신체의 반응으로 인해 나타나는 거야. 용균이라는 방식으로 세포가 파열되면서 수백 개의 파지가 방출되고, 이 파지들은 근처의 다른 세포를 다시 감염시켜 바이러스 감염이 전파돼. 용균성 방식으로 몇 번 감염이 반복되면 파지는 박테리아 전체 개체군으로 들불처럼 번져나가지.

창과 방패

용균성 방식을 계속 반복하다 보면 단 몇 시간 안에 박테리아의 전체 개체군을 완전히 전멸시킬 수도 있어. 하지만 용균성 방식을 꼼꼼히 살펴보면 그런 일은 일어나지 않아. 왜 파지들이 용균성 방식으로 증식하면서 모든 박테리아를 전멸시키지 못하는지 이유가 슬슬 궁금하지 않아? 그것은 박테리아도 파지에 대한 방어책을 지니기 때문이야.

첫째, 박테리아는 돌연변이를 통해 특정한 파지가 인식하지 못하는 수용체를 갖도록 진화할 수 있어. 파지는 박테리아에 부착하고 유전물질을 넣을 수 있는 열쇠를 가지고 있는데, 자물쇠를 바꿔 버리면 열쇠가 아무 소용이 없어지겠지?

둘째, 파지가 침입하면 파지의 DNA를 외부 유전물질로 인식하여 제한효소라 불리는 박테리아 세포의 효소가 이들을 절단하게 돼. 이들 효소의 이름은 사실 '파지가 박테리아를 감염시키는 능력을 제한한다'는 효소의 활성에서 유래했어. 박테리아 자신의 DNA는 조금 특수한 형태로 바뀌기 때문에 자신의 제한효소가 작용하는 것을 막을 수 있어. 그러나 진화로 인해 파지가 인식하지 못하는 박테리아의 돌연변이 수용체 또는 효과적인 제한효소 활성이 선택된다면, 똑같은 방식으로 변형된 수용체에 결합하는 돌연변이 파지 또는 제한효소의 작용을 받지 않는 돌연변이 파지가 선택될 수 있는 거지. 따라서 기생체와 숙주의 관계는 끊임없는 진화적 경쟁 과정에 놓여 있다고 볼 수 있어. 최근에는 박테리아에서 이전에 침입했던 파지의 유전물질을 알아보고 잘라 내는 크리스퍼 유전자 가위가 발견되기도 했어.

또한 이런 파지의 공격에도 불구하고 박테리아가 멸종되지 않고 살아남는 중요한 세 번째 이유가 또 있지. 파지가 숙주 박테리아 세포를 용균시키는 대신, 숙주 박테리아 세포와 공존하는 용원성 방식을 택하기 때문이야. 용원성 방식은 파지가 숙주인 박테리아를 죽이지 않고 번식할 수 있도록 해 줘. 용균성 방식을 주로 사용하는 파지들도 있지만 실은 많은 파지들이 때에 따라 용균성과 용원성 방식 사이를 왔다 갔다 해. 그래서 이런 파지를 온건성 파지라고 부르지.

그런데 이제까지 설명한 단순한 파지 복제 방식과는 조금씩 다른 과정을 보이는 파지도 많아. 막대 모양 파지는 활발하게 증식되더라도 세포를 용해시키지 않고 세포를 조금씩 빠져나올 수가 있어. 이것은 실제로 용균을 포함하지 않는 '용균 유사' 방식이라고 할 수 있지.

용원성 방식

숙주세포를 파괴하는 용균성 방식과는 달리 용원성 방식은 숙주세포의 DNA를 자른 다음 자신의 DNA를 숙주세포의 DNA와 연결시켜. 따라서 자신은 숙주세포를 파괴하지 않은 채 자신의 유전체를 복제할 수 있는 거지.

용원성 방식에서 '부착'과 '침투'라는 최초의 두 단계는 용균성 방식과 유사하게 일어나. 파지는 세포 표면에 결합하여 선형 DNA 유전체를 주입하면서 생활사를 시작하지. 다음 단계는 용균성 방식과 용원성 방식 가운데 어느 쪽을 따르는지에 따라 달라지게 돼. 용균성 방식에서 파지 유전자는 숙주세포를 즉시 파지의 생산 공장으로 바꿔서 세포를 곧 용균(사멸)시

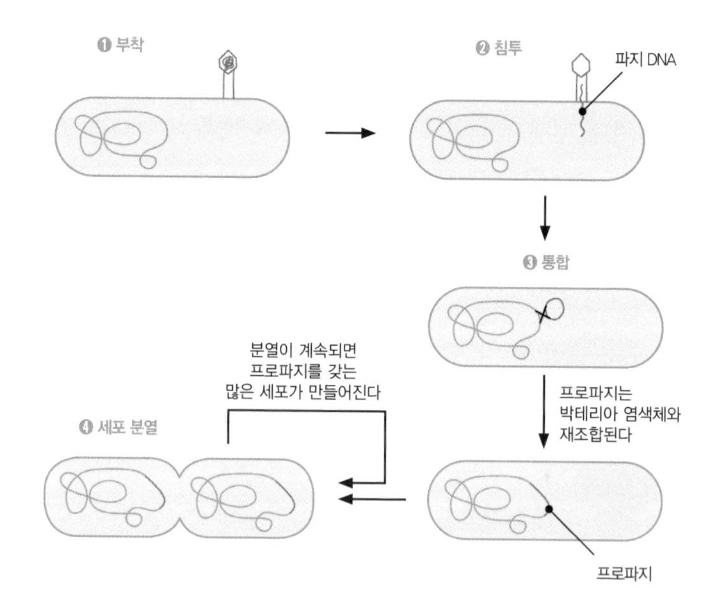

4-2 용원성 방식

키고 바이러스들을 방출하지. 그런데 용원성 복제 방식으로 접어들면 파지의 DNA 분자는 박테리아 염색체의 특정한 자리에 끼어들어가. 이때 파지에서 만들어 내는 단백질이 박테리아의 DNA와 파지의 DNA 특정 부위를 각각 잘라서 잇기 좋게 만든 다음 서로 연결시키는 작용을 하게 돼. 이런 방식으로 박테리아 DNA에 끼어들어간 파지의 DNA를 프로파지(prophage)라 하지. 프로파지에 존재하는 유전자 하나는 다른 바이러스의 프로파지 유전자가 복제되지 못하도록 막아.

예를 들어 대장균 세포가 분열할 때마다 대장균은 자신의 염색체와 함께 그 일부로 존재하는 파지 DNA를 복제해서 딸세포에 전해 주지. 감염된 세포 하나는 곧 프로파지 형태의 바이러스를 지니는 거대한 개체군으로 성장할 수 있어. 바이러스들은 새로운 바이러스의 생성을 촉진하지 않아도 새로운 세포를 감염시키는 무임승차를 즐기는 거야. 이와 같은 방법으로 바이러스는 자신들이 의존할 수밖에 없는 숙주세포를 파괴하지 않고 증식해 퍼질 수 있어.

용균과 용원의 선택

파지가 박테리아를 감염시킬 때, 용균성 방식 또는 용원성 방식 중에 무엇을 따를지는 어떻게 결정할까 궁금하지? 한 가지 중요한 요인은 세포에 한꺼번에 감염되는 파지의 숫자야. 동시에 감염되는 파지의 숫자가 커지면 용원성 방식으로 감염될 가능성이 더 높아져. 이처럼 파지의 숫자가 많을 때 용원성 방식으로 바뀌려는 유전적 경향은 진화에 의해서 선호되었을 거야.

용원성 방식에서 바이러스 DNA는 숙주세포에 손상을 주지 않아. 단지 전사 억제 단백질을 비롯한 몇 가지 바이러스성 단백질을 만들 뿐이야. 이들 유전자가 발현되면 숙주 박테리아의 성질이 달라질 수 있지. 이런 현상은 의학적으로 중요한 의미를 지닌다고 해. 예를 들어 디프테리아, 보툴리누스 식중독, 성홍열과 같이 사람에게 심각한 질병을 일으키는 세 종류의 박테리아는 이들이 지니는 프로파지에서 독소를 만들기 때문에 질병을 일으키는 박테리아로 바뀌는 거야. 또한 우리 장 내에 정상적으로 서식하는 대장균 균주와 심각한 식중독을 일으키는 O157:H7 균주의 차이도 DNA에 삽입된 프로파지가 만드는 독소에 의해 비롯되지.

용원성이라는 말은 원래 프로파지가 숙주세포를 파괴할 수 있는 활성화된 파지를 생성할 수 있는 잠재능력이 있다는 사실을 포함하고 있어. 어떤 자극을 받게 되면 박테리아의 DNA 내에 숨어 있던 프로파지는 빠져나와 용균성 방식을 다시 따르는 활성화된 파지가 될 수 있지. 실험실에서 특정한 화학물질이나 고에너지 방사선으로 인해 DNA가 손상되거나 세포가 영양 부족 상태에서 스트레스 같은 신호를 받게 되면 용원성으로 존재하는 프로파지가 용균성 방식을 시작하게 될 수 있어. 그러나 집단 내의 어떤 프로파지는 이런 외부 신호가 없어도 저절로 용균성으로 바뀔 수 있어. 용원성 방식은 용균성 방식보다 온건하다고 알려져 있지. 그러나 결국, 그것은 파지가 번식하려는 또 다른 방법일 뿐이야.

2. 식물 바이러스가 살아가는 법

바이러스에 감염되면 열매의 색이 변하거나 갈색 반점이 나타나고, 성장이 느려지며, 꽃이나 뿌리가 손상되지. 이런 모든 증상은 작물의 수확량이나 질을 떨어뜨려. 식물 바이러스는 기본 구조와 살아가는 방식이 동물 바이러스와 비슷하지. 하지만 대부분의 식물 바이러스는 동물 바이러스와 핵산의 종류가 다른 RNA 유전체를 가지고 있어. 모양도 다양해서 나선형도 있지만 정다면체도 있어.

식물 바이러스는 감염시키는 종류와 감염 증상에 따라 이름을 붙이고 분류해. 1장에서 설명한 대로 담배모자이크바이러스는 담배 잎에 모자이크 패턴의 반점을 만들지. 거의 모든 식물은 한 종류 이상의 바이러스에 감염돼 있어.

바이러스의 전파

식물의 바이러스성 질병은 수평 전파와 수직 전파라는 2가지 주요 경로를 통해 전파돼.

수평 전파는 식물체가 외부로부터 온 바이러스에 감염되는 것을 말해. 식물체가 기계적인 손상을 받았을 때 식물체의 외부 보호층을 이루는 세포벽과 세포막이 파괴되기 때문에 바이러스에 감염이 잘 돼. 특히 진딧물이나 멸구 같은 곤충이 병에 걸린 식물을 먹은 다음 건강한 식물로 옮겨갈 때 바이러스를 운반하는 역할을 하기 때문에 더욱 골치가 아프지. 식물의 뿌리를 먹는 선충류나 기생성 곰팡이도 바이러스를 전파할 수 있어. 또한 사람이 바이러스병에 걸린 식물을 다룬 다음에 농기구를 사용해서 건강한 식물의 잎이나 다른 부위에 상처를 줌으로써 무의식적으로 감염시킬 수도 있지. 이와 같은 수평적 바이러스 감염은 상처가 난 병에 걸린 식물이 상처가 난 건강한 식물과 접촉할 때도 일어날 수 있어.

수직 전파는 식물이 오염된 씨앗이나 괴경(덩이 모양을 이룬

땅속줄기), 꽃가루가 관여하는 무성생식이나 유성생식을 통해 어버이로부터 바이러스 감염을 물려받는 경우를 말해. 일단 바이러스가 식물세포에 들어가면 증식하기 시작하는데 이것은 식물에 퍼질 수 있는 능력에 따라 차이가 있어. 식물세포를 서로 연결하는 통로인 원형질 연락사를 통해서도 퍼질 수 있어. 바이러스는 너무 커서 이 통로를 통과할 수 없기 때문에 세포와 세포 사이의 이동을 촉진하기 위해 바이러스가 만들어 내는 특수한 단백질이 원형질 연락사 통로를 넓히고, 그 구멍으로 통과할 수 있게 하지.

식물 바이러스에 의한 경제적 피해

바이러스가 처음에 담배에서 발견되었듯이 식물에서는 바이러스성 질병이 매우 흔한 편이야. 식물 바이러스는 특히 곡물이나 감자, 사탕수수와 사탕무 같은 작물에 해마다 세계적으로 막대한 피해를 주고 있어.

경제적으로 심각한 손해를 끼치는 식물 질병 바이러스의 예로 밀줄무늬모자이크바이러스를 들 수 있어. 이 바이러스의 핵산은 매우 작은 곤충인 진드기를 통해 밀의 잎에 들어가게 돼. 바이러스에 잎의 내부가 감염되면 광합성 조직이 파괴되고 노란 줄무늬가 나타나. 이 때문에 밀알의 수확량이 줄어들지. 과학자들은 아직도 대부분의 바이러스성 식물 질병에 대한 치료법을 개발하지 못하고 있어. 그 대신에 질병을 일으키는 바이러스가 퍼지지 않도록 막거나 질병에 강한 작물을 재배하려고 노력하는 데 힘을 기울이지.

3. 동물 바이러스가 살아가는 법

동물 바이러스는 여러 종류이고, 그 중엔 사람에게도 감염을 일으키는 것이 있어. 바이러스에 감염되었을 때 실제로 우리 몸에서는 어떤 일이 일어날까? 동물 바이러스의 생활사는 파지의 용균성 회로와 유사한 점이 많고, 파지의 경우와 마찬가지로 다섯 단계로 나눌 수 있지만 약간의 차이는 있어.

부착

부착은 바이러스가 숙주세포 표면의 수용체 분자에 달라붙어서 숙주세포를 인식하고 결합하는 첫 번째 단계야. 동물 바이러스는 대개 캡시드를 둘러싼 외막 구조이고 이를 이용하여 숙주세포를 인식해. 이들 외막의 바깥쪽 표면에 돌출한 바이러스의 당단백질이 숙주세포 표면의 특수한 수용

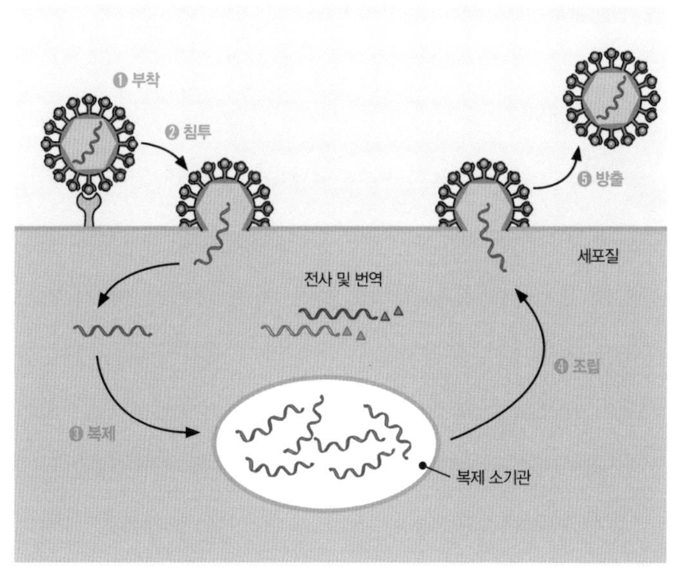

4-3 동물 바이러스가 살아가는 법

체 분자에 결합하지. 이에 비해 파지는 캡시드의 꼬리 단백질이 직접 박테리아 표면의 수용체 분자와 결합하는 것이 달라.

바이러스의 당단백질과 세포막의 수용체가 서로 결합해야만 숙주세포를 인식할 수 있기 때문에 특정한 수용체가 없는 세포는 그 바이러스에 감염될 수 없어. 일반적으로 바이러스는 자신을 증식시킬 수 있는 세포에만 부착해. 예를 들면, 인간면역결핍바이러스(HIV)는 수용체가 백혈구에만 존재하기 때문에 백혈구는 감염시키지만 피부 세포는 감염시키지 못해.

침투

바이러스 또는 그 유전물질이 여러 방법으로 숙주 세포에 침투하는 단계야. 외막을 갖는 바이러스에서는 숙주 세포의 세포막과 융합하는데, 막을 가진 바이러스에서 가장 흔하게 일어나지. 동물세포는 바이러스 입자를 에워싸서 삼키듯이 세포질로 가져오게 돼. 이때 바이러스는 자신이 먹이인 것처럼 속여서 세포가 자신들을 삼키도록 하지. 이런 과정을 통해 바이러스는 숙주세포 내로 자신의 유전체를 들여보내. 하지만 박테리오파지는 이런 복잡한 과정을 거치지 않아. 직접 박테리아에 자신의 유전체를 높은 압력으로 주입하지.

복제

바이러스의 유전물질을 복사하고 그 유전자가 발현되어 바이러스 단백질을 만드는 단계야. 숙주세포는 새로운 바이러스 생성에 필요한 모든 자원들을 제공하지. RNA 유전물질의 복제와 같은 바이러스의 독특한 대사가 필요한 경우에만 바이러스는 자신의 효소를 만들라는 지시를 내려.

바이러스의 종류에 따라서 만드는 바이러스 단백질은 다양해. 또한 모든 바이러스는 캡시드 단백질을 만들도록 지시를 내려. 그리고 외막을 갖는 바이러스는 일반적으로 숙주를 구별하도록 도와주는 외막 단백질도 만들게 하지. 바이러스는 또한 숙주의 방어를 차단하거나 바이러스에게 이로움을 주는 유전자 발현을 추진하도록 숙주 유전체를 조종해서 바이러스 유전체 복제를 도와주고, 바이러스 생활사에 필요한 단백질도 만들도록 지시하게 해. 이 단계에서 바이러스 유전물질을 복사할 때 일어나는 돌연변이는 바이러스가 진화할 수 있도록 도와주지.

조립

다음 단계에서는 새로운 바이러스 입자가 유전물질의 복사본과 바이러스 단백질로부터 조립되지. 유전 정보를 안에 담기 위해 바이러스 단백질 외막의 소단위들이 연결되는데, 새로 합성된 캡시드 단백질들이 모여 캡소미어를 형성하고, 이들 캡소미어는 다른 캡소미어들과 함께 완전한 크기의 캡시드를 형성하게 돼. 복합형 바이러스와 같은 어떤 바이러스들은 우선 '빈' 캡시드를 조립한 다음에 그 안에 바이러스 유전체를 넣기도 해. 그렇지만 대개의 다른 바이러스들은 바이러스 유전체 부근에 캡시드를 조립하지.

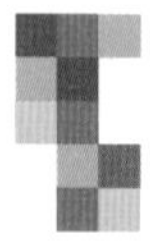

방출

방출은 새로 만들어진 바이러스 입자들이 숙주세포를 빠져나와 다른 세포를 감염시킬 수 있는 단계야. 바이러스들은 종류마다 다양한 경로를 통해 세포를 빠져나가. 어떤 바이러스는 숙주세포를 터뜨리는데, 이를 용균 작용이라고 해. 외막으로 둘러싸인 바이러스는 그들이 형성될 때 세포막으로부터 출아하는데, 그 과정에서 원형질막의 일부를 취하게 돼.

세포막에서 유래하지 않은 외막을 지니는 바이러스도 존재할 수 있어. 예를 들어 입술이나 생식기 주변에 물집을 형성하는 헤르페스바이러스는 먼저 숙주세포의 핵막을 외막으로 갖게 돼. 그 다음 핵에서 세포질로 나오면서 핵막을 벗고 골지체의 막에서 유래된 새로운 막으로 둘러싸이지. 이들 바이러스는 이중나선 DNA를 유전체로 지니고 숙주세포의 핵 안에서 바이러스와 숙주세포를 함께 이용하면서 DNA를 복제하고 전사하여 증식해. 헤르페스바이러스의 경우 바이러스 DNA의 복사본이 특정한 신경세포의 핵 안에 미니 염색체의 형태로 남아 있을 수 있지. 이들 바이러스 유전체는 잠복해 있다가 물리적 또는 정서적인 변화가 신호로 작용하여 바이러스 생성이 다시 활성화돼. 따라서 일단 한번 헤르페스바이러스에 감염되면 물집이 잡히는 증상이 평생 반복되어 나타날 수 있어.

인간면역결핍바이러스(HIV)나 헤르페스바이러스처럼 외막을 가진 바이러스들은 세포 자신의 배출 방식을 이용하거나, 스스로 원형질막으로부터 출아할 때 원형질막의 일부를 가지고 떨어져 나가므로 숙주세포가 죽을 수도 있어.

이와는 달리, 기존의 바이러스가 숙주세포를 온전하게 남겨 놓아 더욱 많은 바이러스 입자를 생산하는 경우도 있어. 이러한 용원성은 숙주의 유전적 특성에 의해 결정되지.

5장
바이러스는
몸에 항상
나쁘기만 할까?

감기나 독감에 걸리면 열이 나고 머리가 아프고 콧물이 흐르지. 이런 증상을 겪으면 '혹시 바이러스에 감염된 건 아닌가' 생각하지 않니? 바이러스에 따라서 그 증상도 큰 차이가 나지. 이때 일어나는 여러 가지 증상은 바이러스 때문에 실제적으로 일어난다기보다 우리 몸이 바이러스의 침입을 막기 위해서 나타내는 염증 반응이나 면역 반응에 따르는 증상인 경우가 대부분이야. 어떤 것들은 우리를 며칠 동안 아프게 하지만 어떤 것들은 평생 동안 괴롭혀. 어떤 것은 사소한 불편함을 주는 데 그치지만, 목숨을 위협하는 합병증을 일으키기도 하지. 바이러스는 감기와 독감과 같은 일시적인 질병을 일으키거나 암과 같은 심각하고 장기적인 질병도 일으켜. 이것을 우리 몸은 또 어떻게 막으려고 할까? 이 장에서는 이런 질병과 관련된 이야기를 한번 살펴보려고 해.

그런데 바이러스는 우리 몸에 항상 나쁘기만 할까, 이런 궁금증도 들겠지? 실제로 우리가 두려워하는 바이러스도 쓸모가 있다는 것을 알게 될 거야.

1. 바이러스는 우리를 아프게 한다

바이러스는 여러 질병과 연관돼. 식물이나 동물과 같은 다세포 생물에서, 서로 다른 바이러스들은 특정한 세포 형태만을 공격하도록 특화되어 있지.

예를 들어, 감기를 유발하는 바이러스는 호흡기의 점막층을 공격하고, 광견병 바이러스는 신경세포를 공격해. 어떤 헤르페스바이러스는 입술에 물집을 형성하고, 또 다른 헤르페스바이러스는 생식기나 생식기 주변에 유사한 물집을 형성하지. 헤르페스바이러스는 체내에 영구히 머물면서 잠복했다가 스트레스를 받을 때면 감염성 물집을 형성하게 돼. 체내의 면역 체계를 망가뜨리는 후천성면역결핍증(에이즈)은 아주 무시무시한 질병으로, 체내의 면역 반응을 조절하는 특수한 형태의 백혈구 세포만을 공격하는 바이러스에 의해서 유발되지. 바이러스는 또한 T-세포 백혈병(백혈구성 암), 간암, 경부암과 같은 형태의 암을 유발하기도 해.

식품을 통해 전염되는 일부 질병은 바이러스에 의해 유발돼. 예를 들어, A형 간염은 흔히 바이러스에 감염된 사람이 손 씻는 것을 소홀히 하고 음식을 다룰 때 일어나지. 어떤 사람들은 A형 간염바이러스에 감염되어도 증상을 나타내지 않

5-1 A·B·C형 간염 비교

A형 간염	1 급성 간염 2 전격성·황달성 간염 발병 3 존재(영유아 필수 예방접종 포함) 4 없음 5 포함
B형 간염	1 급성 간염이 만성으로 진행 2 간경변·간암 발병 3 존재(영유아 필수 예방접종 포함) 4 존재 5 포함
C형 간염	1 급성 간염이 만성으로 진행 2 간경변·간암 발병 및 사망 위험도 증가 3 없음 4 존재 5 포함

1 증세 2 합병증 3 백신 유무 4 치료제 유뮤 5 국가검진 항목 포함 여부
자료: 질병관리본부

아. 하지만 대다수의 사람들은 황달과 함께 독감과 같은 증상을 겪지. 추가적인 합병증이 발생할 수도 있지만 대부분의 환자들은 몇 개월 이내로 회복되는 게 보통이야.

C형 간염바이러스와 같은 몇몇 다른 바이러스는 장기적인 만성 감염을 일으켜. 사람 헤르페스바이러스 6형 및 7형과 같은 다른 바이러스들은 감염되면 어린이들한테는 가벼운 발진을 일으키기도 하지만 숙주에게서 별다른 증상을 나타내지 않고 바이러스 입자만을 증식하지. 이런 경우에 환자가 '무증상 감염되었다'고 이야기해.

몇 가지 바이러스는 감염되면 일반적으로 급성 증상을 나타내지. 짧은 기간 동안 증상이 악화되다가 대부분의 경우에 몸이 면역계를 통해 바이러스를 물리치고 회복돼. 해당 사례에는 일반적인 감기나 독감 등이 있어.

2. 바이러스는 암과 관련 있을까?

암은 발병 원인이 여러 가지야. 그중 일부 암만이 바이러스와 직접적인 관련이 있어. 30~60퍼센트에 해당하는 암은 먹는 음식과 관련 있는 것으로 생각돼. 우리 주변을 둘러싸고 있는 많은 화학물질이 유전자의 돌연변이를 일으키거나 정상적인 세포의 분화를 방해해서 암이 발생하지. 어떤 바이러스와 감염성 유전물질은 세포분열 신호를 통제하여 숙주세포가 계속 분열하도록 유도해서 암을 유발한다고 알려져 있어.

1908년, 덴마크의 빌헬름 엘러만(Vilhelm Ellermann)과 올르프 방(Oluf Bang)은 세포가 포함되지 않은 병든 닭의 체액이 건강한 닭에서 백혈병을 일으킨다는 사실을 보고했어. 이어서 1911년 미국의 병리학자인 페이톤 루스(peyton Rous)는 최초로 바이러스가 닭의 육종을 일으킨다는 사실을 발견했고,

1966년에 이 공로로 노벨상을 받았지. 이후 사람을 제외한 여러 종에서 바이러스에 의한 암 발생이 보고되었어.

인간에게 암을 일으키는 바이러스

바이러스가 많은 동물에게 암을 일으키는 것으로 알려져 있지만, 바이러스가 사람에게 암을 일으키는지를 증명하기란 매우 어려워. 사람에게 암을 일으킨다고 알려진 바이러스는 현재까지 여덟 종류야.

레트로바이러스가 동물한테 종양을 유발하는 중요한 바이러스라고 알려져 있지만 1980년에 와서야 로버트 갈로(Robert Gallo)가 백혈구의 면역세포인 T세포의 바이러스가 사

5-2 인간에게 암을 일으키는 바이러스

관련 바이러스	핵산 유형	암의 종류	주요 감염 통로
HTLV-1, HTLV-2	RNA(레트로바이러스)	T세포 백혈병	체액, 수유
B형 간염바이러스	DNA	간암	혈액, 출산
C형 간염바이러스	DNA	간암	혈액, 체액
엡스타인-바바이러스	DNA	림프종, 후두암	타액
사람 헤르페스바이러스 8형	DNA	카포시육종	수혈, 성 접촉
파필로마바이러스	DNA	항문-성기 암	성 접촉
메르켈세포 폴라오마바이러스	DNA	메르켈 세포암	햇빛 노출

람한테 백혈병을 일으킬 수 있다는 사실을 처음 발견했지. 현재는 최소한 두 종류의 레트로바이러스가 암과 관련 있는 것으로 생각돼. 인간 T세포 백혈구친화성바이러스 중 HTLV-1이 성인의 T세포 백혈병을, 그리고 HTLV-2가 모발상세포백혈병을 일으키는 것으로 알려졌어. 이 바이러스의 암유전자는 숙주세포 유전체로 삽입될 때 세포의 조절 유전자를 활성화하는 활성인자 단백질을 만들어 종양을 만들게 돼. 앞으로 레트로바이러스로 인한 다른 암도 아마 발견될 거야.

B형 간염바이러스, C형 간염바이러스, 엡스타인-바바이러스, 사람 헤르페스바이러스 8형 등의 이중 나선 DNA 바이러스들은 인간에게 나타나는 바이러스성 종양의 주요한 원인이야. DNA 종양 바이러스들이 숙주세포와 상호 작용하는 방법은 두 가지로, 숙주세포를 용균하는 방식으로 증식하거나 아니면 세포를 죽이지 않고 형질 전환시켜 특성을 변화시키는 거지.

DNA 바이러스에 의한 암은 바이러스 유전체의 일부 또는 전체가 숙주 염색체 내로 끼어들어간 결과로 발생해. 삽입된 후 형질 전환 유전자, 즉 암유전자가 발현되고, 그에 따라 숙주세포는 생장을 제어할 수가 없게 돼. 대부분의 암유전자는 세포 생장 조절에 관여하는 정상 세포 유전자가 변형된 거야.

이런 비정상적 생장은 파지가 박테리아에 잠복할 때 관찰되는 용원성 방식과 유사해. 두 경우에 모두 숙주의 유전물질로 삽입된 바이러스 유전자는 숙주세포에 새로운 성질을 부여하게 되지.

수혈이나 모자 수직 감염

B형 간염은 전 세계 모든 사람들에게 감염될 수 있는 간 질환으로서, B형 간염바이러스로 오염된 혈액을 수혈받거나 B형 간염을 앓는 어머니가 신생아를 출산할 때 발병돼. 바이러스 감염은 오래 지속될 수 있고, 감염 증세가 여러 차례 나타나기도 하지. 이 바이러스는 간암과도 관련 있어. 특히 아시아와 아프리카에서는 수백만 명이 감염된 상태지. 그러나 이 바이러스 자체가 암을 일으키는 것은 아니야. 감염된 세포에서 어떤 유전자의 돌연변이가 일어나야 간암으로 발전되지.

간암의 발생 빈도는 특히 제3세계 국가에서 높아. B형 간염바이러스는 간암과 관련 있으며 사람의 유전물질에 삽입될 수 있는 것으로 보여. 많은 간암 환자들이 이미 바이러스 감염으로 인한 B형 간염을 앓고 있어. 급성 간염에서 회복된 사람들도 여전히 보균자 상태야. 보균자들은 간암 발생 위험이

100배나 높지. 특히 아시아에서는 C형 간염바이러스가 간암과 깊은 관련이 있어. C형 간염바이러스는 간경변을 일으키는데, 간경변은 간암으로 발전될 수 있지. 세계적으로 볼 때

80퍼센트의 간암이 바이러스 감염과 관련 있어.

타액 교환을 통한 감염

엡스타인-바바이러스는 가장 많이 연구되어진 사람의 바이러스야. 엡스타인-바바이러스는 헤르페스바이러스로 면역계의 B세포를 감염시키는데, 인구 중 80퍼센트 이상이 이 바이러스를 가지고 있어. 사람이 타액을 통해 이 바이러스에 처음 노출되면 발열 증상이 있고 림프선이 붓거나 인후에 염증이 발생하는 단핵구증이 나타날 수 있지.

바이러스는 나중에 B세포에 잠복해 있는 감염 상태를 유지해. 감염된 사람들은 대부분 경미한 증상을 앓지만 특히 면역계가 약화된 어떤 사람들한테는 바이러스가 두 종류의 암을 일으켜. 적도 아프리카에서 유행하는 버킷림프종은 말라리아 감염에 뒤이은 엡스타인-바바이러스의 감염과 관련 있어. 엡스타인-바바이러스는 미국에도 아프리카만큼 있지만 미국에서는 말라리아의 발생 빈도가 낮지. 이런 현상을 보면 환경적 요인이 중요한 역할을 하는 것을 알 수 있어. 엡스타인-바바이러스는 암유전자를 가지고 있지만 감염 자체로 세포가 형질 전환되는 것은 아니야. 그러나 면역계가 말라리아와 같은 다른 질병에 감염되면, 유전자의 일부가 거꾸로 뒤집힌 암유전자 때문에 세포는 통제를 벗어난 세포분열을 하게 돼. 엡스타인-바바이러스는 후두암도 일으켜.

성 접촉을 통한 감염

파필로마바이러스와 헤르페스바이러스 같은 바이러스들에서는 바이러스 DNA가 숙주의 유전물질에 삽입되지 않고 따로 고리형의 유전체인 플라스미드로 복제돼. 그런데 아주 드물게 파필로마바이러스의 플라스미드가 숙주 유전체로 삽입되는 경우가 있는데, 그때는 암을 유발해.

파필로마바이러스에 의해 북미와 유럽에서 유도되는 대표적인 암은 자궁경부암이지. 이 바이러스에 의해 생기는 성기와 항문 주위의 사마귀가 종종 종양으로 발전해. 이 바이러스는 숙주 조직의 돌연변이 없이 직접 암을 일으키는데, 자궁경부암과 같은 생식기관의 암은 통계적으로 볼 때 남성과 여성의 성 접촉과 관련 있지. 경부암의 발생률은 첫 성경험을 하는 나이가 어린 여성일수록, 그리고 성 접촉을 맺는 사람들이 많은 여성일수록 높아져. 여성이 처녀로 결혼하는 것이 전통적인 사회일지라도 남성이 다수의 성 접촉자와 관계를 갖는 것에 대해 너그러운, 가령 일부다처제 나라에서도 역시 경부암의 발생 빈도가 높지.

이와 같은 역학적인 증거로 볼 때 무절제한 성 접촉이 중요한 위험 요소가 된다는 것을 알 수 있어. 성 접촉에 의해 전달되는 인간의 유두종 바이러스들은 생식기에 사마귀를 생기게 하지만 일부 종류는 경부암의 원인이 되기도 해. 유두종 바이러스 중에 80퍼센트 이상이 생식기와 항문에 암을 일으키지.

사람 헤르페스바이러스 8형은 카포시육종연관 헤르페스바이러스라고도 하며 카포시육종을 일으키는 바이러스로 알려져 있지. 카포시육종은 악성 종양이긴 하지만 건강한 사람에게 감염되는 일은 거의 드물고 성장이 느려서 치명적이지도 않아. 주로 후천성면역결핍증(에이즈) 환자나 면역 억제 치료를 받는 환자에게서 발생하지. 어떻게 이 바이러스가 정상 세포를 암세포로 전환시키는지는 아직 알려지지 않았어. 모든 바이러스성 암에서 바이러스가 숙주세포를 죽이지 않고 다만 생장 성질을 변화시킨다는 점을 주의해야 해.

각 바이러스들과 암과의 상호관계에 대한 역학적인 증거는 동물이나 조직 배양 실험을 통해서 증명되었어. 비록 인간의 T세포 백혈병 바이러스가 바이러스 감염과 관련 있다는 증거는 없지만, 바이러스에 의해 유도된 종양은 모든 암의 20퍼센트를 차지한다고 해.

3. 바이러스로 인한 질병을 이기려면

바이러스 감염은 여러 가지 경로로 증상을 유발하지. 특정한 바이러스가 얼마나 큰 손상을 입히는가는 감염된 세포가 세포분열하여 재생하는 능력이 얼마만큼이나 되는지와 관련 있어. 사람들은 감기 증세에서 회복이 잘 되는데, 이것은 감기바이러스가 감염시키는 호흡기 상피세포가 효율적으로 손상을 회복시키는 능력이 있기 때문이야. 반면 성숙한 신경세포를 감염시키는 소아마비바이러스는 영구적인 손상을 일으켜. 왜냐하면 신경세포는 더 이상 세포분열하지 않고 대체되지도 않기 때문이지.

바이러스에 감염되면 나타나는 열이나 통증과 같은 여러 가지 일시적인 증상들은 바이러스가 직접 세포를 손상시키기 때문이라기보다는 대개 우리 몸이 감염에 스스로 대항하기 때문에 나타나는 것들이야.

백신 개발과 접종

면역계는 신체가 복잡하고 중요한 방어 작용을 하는 체계의 일부야. 이는 또한 바이러스 감염을 예방하는 백신이 의학적으로 중요한 이유기도 하지. 백신이란 해로운 병원체에 대항하는 신체의 면역계를 촉진하기 위해 사용되는 해롭지 않은 변이체 또는 병원체에서 유래된 것이야. 그래서 질병을 일으키는 미생물 병원체와 유사한 구조를 갖지만, 병원성은 없어.

백신 접종은 우리가 다양한 바이러스성 질환을 억제할 수 있는 가장 강력한 무기야. 백신은 사람들이 질병에 노출되지 않고 바이러스의 하나 또는 여러 개의 분자 구성 성분들을 인지할 수 있도록 면역계를 '교육'시켜. 어떤 백신들은 접종 후 몇 년이 지나도 면역력이 지속되지만 또 어떤 백신들은 면역력이 오래 지속되지 않아서 매년 접종해야 해. 독감 백신이 이런 경우에 해당하지. 독감바이러스는 빠르게 돌연변이하기 때문에 올해의 백신이 내년에 유행하는 바이러스에 효과를 나타내지 못할 수 있어.

천연두는 한때 인류에게 치명적인 전염병이었지만 WHO가 주도한 백신 캠페인으로 이제는 사라져 버렸어. 천연두바이러스는 숙주 범위가 매우 좁기 때문에 백신 캠페인이 성공할 수 있었지. 전 세계적인 백신 캠페인으로 소아마비도 거의 박멸되었고, 소아기 때의 백신 접종으로 홍역, 유행성 이하선염을 포함해 다른 많은 심각한 바이러스성 질병이 크게 줄었어. 풍진, B형 간염 등의 바이러스성 질병을 예방할 수 있는 효과적인 백신 또한 개발된 상태야.

항생제와 항바이러스제

백신으로 특정한 바이러스 질환을 예방할 수는 있지만, 바이러스는 숙주세포의 대사와 밀접하게 연결되어 있기 때문에 대부분의 바이러스성 질환은 일단 감염되면 치료할 수 있는 방법이 한정적이야. 항생제는 박테리아 질환을 치료할 수 있을 뿐, 바이러스에는 쓸모가 없지. 항생제는 특정한 박테리아에 특이적인 효소를 억제하여 박테리아를 사멸시키지만, 바이러스가 만들어 내는 효소에는 영향을 미치지 못하기 때문이야.

그러나 바이러스가 만드는 일부 효소는 항바이러스 약제의 표적이 되기도 하지. 예를 들면, 입가에 물집이 잡힐 때 바르는 아시클로버(acyclovir)라는 약물은 바이러스의 중합 효소가 바이러스 DNA를 합성하는 과정을 억제함으로써 헤르페스바이러스의 증식을 막아. 이와 비슷하게 후천성면역결핍증(에이즈)을 치료할 때 사용하는 아지도티미딘(Azidothymidine, AZT)은 RNA에서 DNA를 합성하는 역전사효소의 작용을 막아서 인간면역결핍바이러스(HIV)와 같은 레트로바이러스의 증식을 억제하지.

수많은 항바이러스제가 개발되고 있어. 그러나 항바이러스제는 바이러스뿐 아니라 숙주세포도 파괴할 수 있어. 다수의 항바이러스제는 표적이 되는 바이러스의 복제에 필요한 효소의 기능을 파괴하거나 차단해. 그런데 안타깝게도 항바이러스제는 잠깐 동안만 효과를 나타내는데, 이건 바이러스들이 약에 대한 내성을 갖기 때문이야. 바이러스들이 DNA나 RNA를 복제하면서 오류가 많이 생기기 때문에 바이러스의 돌연변이율은 매우 높은 편이지. 그 오류 중에 어떤 것은 바이러스의 증식을 방해하기도 하고 어떤 오류는 항바이러스제에 대해 내성을 갖게 해.

돌연변이를 위한 대응책, 칵테일 요법

항바이러스제를 사용하면 대부분의 바이러스들은 증식할 수 없게 되겠지만, 내성을 갖는 바이러스들은 살아남아 증식해서 바이러스 집단의 대부분을 차지하게 되지. 내성을 갖는 바이러스들은 곧 숙주세포에 퍼지게 돼. 감기를 예로 생각해 볼까? 많은 다양한 감기바이러스가 존재하고, 이들의 유전체는 빠르게 돌연변이할 수 있어. 이 때문에, 증상은 비슷해도 매번 다른 종류의 바이러스가 코감기를 일으키게 돼. 이러한 많은 변이체들에 모두 듣는 약을 개발하기란 매우 어려운 일이지. 심지어 한 약품이 99.99퍼센트의 감기 바이러스를 무력화시키더라도 나머지 0.01퍼센트는 내성을 가질 수 있다고 생각해 봐. 결국 살아남은 바이러스들이 증식해서 대부분을 차지하게 될 거고, 이전에 효과가 있었던 약품은 아무 쓸모가 없게 될 거야.

지난 20여 년 동안 과학자들은 인간면역결핍바이러스를 치료하는 약품을 개발하기 위해 계속 노력해 왔어. 만약 인간면역결핍바이러스가 약품에 내성을 갖도록 진화한다면, 이 바이러스를 어떻게 막을 수 있을까? 현재는 동시에 여러 가지의 약품으로 치료하는 '칵테일 요법'이라 불리는 다약품 처방법이 가장 효과적이라고 알려져 있어. 칵테일 요법에서는 보통 핵산 합성을 막는 두 종류의 뉴클레오시드 유사 물질과 한 종류의 단백질 억제제가 포함되어 바이러스가 생성되는 데 필요한 효소들의 작용을 억제하게 돼. '칵테일'로 주어지는 각 약품들은 일반적으로 인간면역결핍바이러스 생활사의 다른 단계들을 겨냥하지.

칵테일 요법이 작동할 수 있는 이유는 어떤 집단 내의 바이러스가 3가지 약품에 모두 내성을 부여하는 3가지 돌연변이를 동시에 갖게 될 확률이 매우 적기 때문이야. 나중에는 다약품 칵테일에 내성을 갖는 바이러스로 진화될 수도 있겠지만, 다약품 칵테일 요법은 내성을 부여하는 바이러스의 출현을 상당 기간 늦춘다고 할 수 있지.

4. 바이러스도 쓸모가 있을까?

분자생물학에서는 바이러스와 숙주세포의 유전체 사이의 진화적 관계가 지속되어 왔다는 사실을 바탕으로 바이러스를 유용한 실험 도구로 사용해 왔어. 바이러스는 모든 생물체에 질병을 일으키는 등 엄청난 영향을 끼치기 때문에 바이러스 연구를 통해서 얻어낸 지식은 실용적인 분야의 발전에도 크게 기여했지.

파지요법

어떤 바이러스는 무서운 질병을 유발하지만, 또 어떤 바이러스들은 질병을 치료하는 데 이용될 수 있어. 이것은 각 종류의 용균성 파지가 특이한 숙주세포를 공격하여 파괴하도록 특화되어 있기 때문이야. 항생제는 1930년에 처음 발견되었지만, 1940년대 이전까지는 박테리아성 질병을 치료하는 데 잘 이용되지 못했었어. 항생제가 발견되기 이전인

제1차 세계대전 동안에는 전쟁터에서 박테리아성 감염으로 고통 받는 군인들이 많았지. 상당수의 군인이 감염 때문에 팔다리를 잃거나 생명을 잃었어.

이러한 문제점을 해결하기 위해 노력하던 중에 1917년에 이르러 프랑스계 캐나다인 미생물학자 펠릭스 데렐(Félix d'Hérelle)이 바이러스가 박테리아를 공격한다는 증거를 발견했어. 그는 박테리아성 이질을 앓고 있는 환자가 그 병으로부터 회복되고 있을 때 박테리아 근처에 있는 파지의 양이 그 병이 최악의 상태에 있을 때보다 더 많다는 것을 알게 되었지. 데렐은 이를 실험으로 증명하고자 했어. 그는 실험을 위해 세균을 잡아먹는 바이러스인 파지를 주입한 닭과 그렇지 않은 닭을 두 집단으로 나눈 다음, 각각 감염성 박테리아에 노출시켰지. 그랬더니 파지를 주입한 집단은 박테리아성 질병에 걸리지 않은 거야.

데렐은 또 감염된 환자의 대변에서 파지를 추출했어. 그런 다음 이 추출물을 이용해 흑사병 박테리아로 감염된 이집트 사람과 감염성 콜레라로 감염된 인도 사람을 성공적으로 치료했지. 이러한 치료 방법은 파지요법으로 알려졌어. 전쟁이 끝난 후 파지요법은 민간에서 피부와 창자의 박테리아 감염증을 치료하기 위해서 널리 이용되었지.

그러다 항생제가 등장하면서 1930~1940년대에 파지요법은 항생제 치료법으로 대체되었어. 의사들은 살아 있는 바이러스를 이용해 환자를 치료하는 걸 껄끄럽게 생각했던 거야. 파지요법은 그 뒤에도 구소련에서 사용되었지만, 서방 의학계에서는 대체로 사라졌지.

오늘날 대부분의 박테리아성 질병은 항생제로 치료해. 하지만 많은 병원성(감염을 통해 질병을 일으킬 수 있는 능력) 박테리아들이 점차적으로 항생제에 내성을 나타내면서, 항생제가 더 이상 효과가 없는 경우가 생겼어. 이럴 경우 파지는 박테리아에 의한 질병을 치료하는 중요한 대안이 될 수 있을 거야. 파지요법은 오직 표적으로 하는 박테리아만 공격하고, 신체에 있는 많은 다른 무해하고 유익한 박테리아들은 공격하지 않는 바이러스의 특수한 장점을 이용할 수 있기 때문이지. 그래서 파지요법은 최근 다시 활발히 연구되고 있고, 파지는 박테리아성 질병에 대항하기 위한 무기로서 점점 더 중요해지고 있어.

파지의 또 다른 장점은, 박테리아처럼 진화할 수 있다는 점이야. 박테리아가 어떤 파지에 내성을 진화시키면 생물학자들은 이 병원체에 대해 치료 효과를 나타내는 새로운 파지를 선택해 사용할 수 있지. 이처럼 생물학자들은 항생제에 내성을 갖는 박테리아에 대한 문제를 해결하는 데 진화에 대한 지식을 이용하고 있어.

유전자 치료

유전자 치료는 이전에 치료할 수 없었던 선천적 결함을 치료하기 위해 사용되는 유전자 기술이야. 생물체의 세포에 이상이 생긴 유전자 대신 온전한 유전자 DNA를 주입하여 치료하는 방법이지. 유전자 치료는 대단한 기대감을 주었지만, 지금까지의 결과들은 실망스러울 정도야. 아직 해결되지 않은 많은 기초생물학적 문제와 기술적 문제들 때문에 성공이 어려웠거든.

유전자 치료는 유전학, 분자생물학, 바이러스학 분야가 발전하면서 가능해졌지. 사람의 세포 속으로 유전자를 주입해서 생명을 위협하는 병을 고칠 수 있을 것이라는 아이디어는 미생물을 가지고 박테리아에서 유전자 전달을 연구했던 과학자들에 의해 처음으로 제안되었어. 이들 과학자들은 바이러스에 의해서 사람의 세포 내로 유전자를 전달할 수 있을 거란 가능성을 제시하게 돼. 바이러스는 유전자를 세포에 도입하는 데 가장 널리 이용되는 운반체거든. 바이러스들은 특정한 조직에 들어갈 수 있고, 세포 기구를 이용해서 도입 유전자가 단백질을 만들도록 하기 때문이지. 원하는 유전자를 바이러스 유전체 내로 삽입하면 바이러스가 감염시키는 모든 세포에 그 유전자를 주입할 수 있어.

성공적인 유전자 치료를 위해서는 효율적으로 완전하게 포유동물 세포에 유전자를 주입하고 발현하는 바이러스 운반체를 고안하는 게 급선무야. 장기적인 목표는 유용한 유전자가 원하는 바로 그 지점에 전달되고, 그들의 발현을 자유자재로 조절하는 거야. 이런 목표를 달성하기 위해 바이러스 과학자들은 열심히 노력하고 있어.

그동안 유전자 치료에 대한 기대는 기복이 심했어. 유전자 결함으로 인한 질병 치료에 큰 희망을 걸기도 했고, 환자의 사망이나 암 발생을 일으킬 수 있다는 안전 문제가 거론되면서 모든 임상 시험이 중단됐던 적도 있지. 최근엔 기존의 유전공학 기술보다 정확성이 크게 개선된 크리스퍼 유전자 가위로 잘못된 유전자를 바로잡으려는 임상 시험이 낫세포 빈혈증, 지중해성 빈혈, 혈우병 등에서 진행되고 있고, 유전자 치료에 대한 기대가 새롭게 불붙고 있어. 최근 코로나19 팬데믹을 맞아 핵산 바이러스를 만드는 데 아데노바이러스가 운반체로 사용되고 있지. 아스트라제네카 백신과 얀센 백신은 각각 ChAdOx1이라는 변형된 종류의 침팬지 아데노바이러스와 Ad26이라는 인간 유래 아데노바이러스를 운반체로 사용하는 백신들이야.

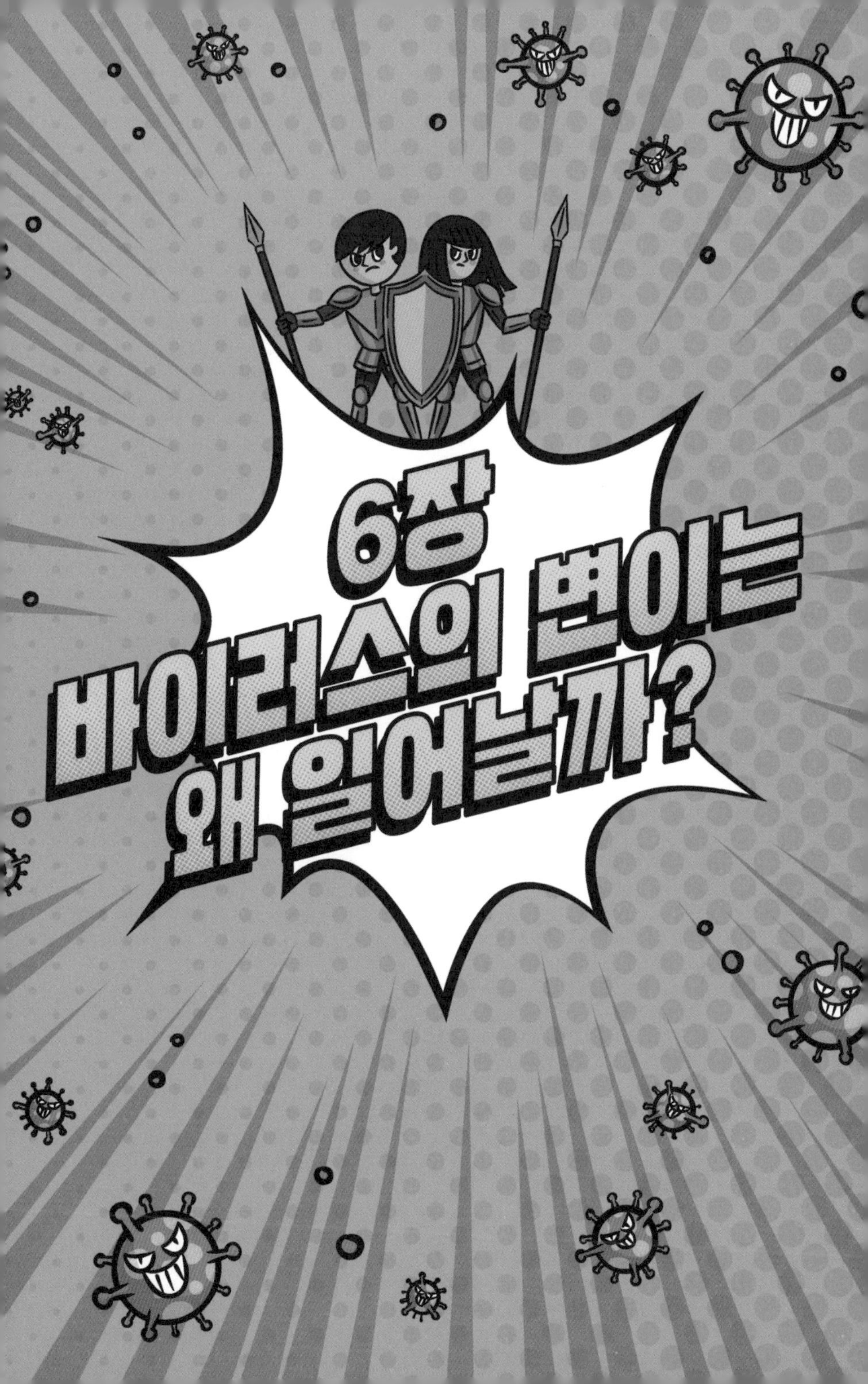
6장
바이러스의 변이는
왜 일어날까?

자연선택(natural selection)은 자연계에서 그 생활 조건에 적응하는 생물은 생존하고, 적응하지 못하는 생물은 저절로 사라지는 것을 말해. 바이러스의 자연선택은 바이러스 개체군의 유전자풀 내에 유전적 변이가 있어야만 일어날 수 있어. 유전적 변이는 개체군 내에 어떤 유전적인 차이가 있다는 것을 의미해.

바이러스에서 유전적 변이는 재조합과 돌연변이라는 2가지 방식으로 일어나지. 재조합은 바이러스가 DNA 또는 RNA로 되어 있는 유전물질의 상당한 양을 바꾸는 것이고, 돌연변이는 바이러스의 DNA 또는 RNA 서열에 변화가 일어나는 거야. 그럼 2가지 방식의 바이러스 변이를 알아보도록 할까?

1. 바이러스 재조합과 돌연변이

바이러스는 유전체 재편성의 전문가

바이러스의 재조합은 2가지 바이러스가 동시에 동일한 세포에 감염될 때 일어나. 두 바이러스는 숙주세포를 이용해 더 많은 바이러스를 만들기 때문에, 숙주세포에 동시에 새로 만들어진 유전체를 포함해서 많은 바이러스 성분이 돌아다니게 되지.

이런 상황에서 재조합은 2가지 다른 방식으로 일어날 수 있어. 첫 번째, 바이러스 유전체의 유사한 부위가 쌍을 이루어 부분을 교환하는데, DNA 또는 RNA를 물리적으로 절단하고 재조합하지. 두 번째, 작은 염색체처럼 서로 다른 토막은 '유전체 재편성'이라는 과정을 통해서 이런 토막을 교환할 수 있어.

바이러스 중에서도 독감(플루)바이러스는 유전체 재편성의 전문가야. 그들은 8개의 RNA 토막을 갖는데, 각 토막은 1개 내지 몇 개의 유전자를 갖지. 두 종류의 독감 바이러스가 동시에 동일한 세포를 감염시키면, 세포 내에서 만들어지는 새로운 바이러스에서는 (예를 들어 A바이러스로부터 1번~4번 토막,

B바이러스로부터 5번~8번 토막처럼) 토막이 뒤섞일 수 있어. 특히 다른 동물에 존재하던 바이러스가 유전체 재편성을 통해 사람에게 전파될 수 있는 능력을 얻게 되면 새로운 바이러스성 질병이 생기지. 과학자들은 이런 방식이 사람의 신종 질병의 4분의 3 가량을 차지하는 것으로 추정하고 있어.

바이러스는 대체로 유연관계가 비슷한 종류의 생물에만 감염되지만 독감 같은 일부 바이러스는 조류와 인간 사이를 오가며 감염돼. 유행성 독감(인플루엔자 또는 플루)은 이미 수천 년 전에 중국에서 독감 바이러스가 야생 오리에서 가축 오리로 옮겨지면서 시작된 것으로 추정되고 있어. 게다가 17세기부터 중국에서는 사람, 돼지, 그리고 닭과 가까이 있는 논에 오리를 사육하기 시작했는데, 이런 사육 방식은 조류의 바이러스가 사람에게 전달될 위험성을 상당히 높이게 됐지.

동물 바이러스와 사람 바이러스가 섞이다

동물이 특정한 바이러스를 몸에 지니고 이를 전파시킬 수는 있어도 병에 걸리지는 않는 경우가 있어. 이런 동물을 해당 바이러스의 자연 저장고라고 해. 특히 돼지는 독감 바이러스의 저장고로 잘 알려져 있지. 돼지 세포는 돼지 바이러스를 포함하여 사람과 조류의 독감 바이러스 모두를 인식하고 감염될 수 있어. 돼지의 기도 세포가 독감 바이러스의 조류형과 인간형 모두와 결합하는 수용체를 가지고 있기 때문이야.

만약 돼지의 세포가 동시에 두 종류의 바이러스에 감염되면, 사람과 조류 바이러스의 유전체를 재편성한 새로운 바이러스를 방출하게 되는 거야. 따라서 조류독감 바이러스는 돼지의 목구멍 세포에서 돌연변이를 일으켜 인간을 감염시킬 수 있지. 돼지에게 공통적으로 감염된 조류와 인간의 독감 바

6-1 돼지 인플루엔자 발생

이러스는 유전체 조각을 교환하면서 새로운 변이형을 탄생시켰지.

독감을 막기 힘든 이유

인수 공통 전염병(사람과 동물 사이에 상호 전파되는 전염병)은 자연계의 독감바이러스에서 아주 흔해. 독감의 대유행이 반복적으로 발생하는 건 한 종의 숙주에서 다른 종의 숙주로 바이러스가 전해지면서 돌연변이가 발생했기 때문이야.

돼지나 새와 같은 특정한 동물이 한 종류 이상의 독감바이러스에 감염되면 서로 다른 유전체 사이에서 유전자 재조합이 일어날 수 있어. 이때 뒤섞인 RNA 분자가 완전한 재조합 바이러스 유전체를 이루어 바이러스 입자 안에 들어가면 새로운 형태의 바이러스가 나타나는 거지. 독감바이러스의 유전체를 이루는 여러 분자의 RNA가 다른 종류의 바이러스 RNA와 뒤섞여 조립되어 사람 세포를 감염시킬 수 있는 새로운 바이러스가 출현할 수 있어. 사람들은 이렇게 변화된 형태의 바이러스에 한 번도 감염된 적이 없기 때문에 면역성을 나타내지 못하고, 그 결과 신종 바이러스는 심각한 병원성을 나타내는 거야. 이렇게 병원성을 지닌 다른 바이러스와 재조합되는 바이러스는 사람 사이에 쉽게 전파되어 심각한 유행성 질병이 돼.

독감 바이러스에는 세 종류가 있지. B형과 C형은 사람만 감염시키며 유행병을 일으키지 않아. 그러나 A형은 새, 돼지, 말, 사람을 포함하여 여러 종류의 동물을 감염시킬 수 있어. A형 독감바이러스는 지난 100여 년 동안 인류 집단에 다섯 차례의 주요 유행성 독감을 일으켰지.

A형 독감을 일으키는 바이러스에는 종류별로 일정한 이름이 붙지. 예를 들어 1918년과 2009년에 대유행성 독감을 일으킨 종류는 H1N1형이라 불러. 이와 같은 이름은 바이러스의 표면에 존재하는 2가지 단백질의 종류를 알려주는 거야. H와 N은 각각 헤마글루티닌(hemagglutinin)과 뉴라미니다아제(neuraminidase)의 머리글자를 따왔지. 헤마글루티닌은 바이러스가 숙주세포에 부착하는 과정을 돕는 단백질로, 16가지가 알려져 있어. 감염된 세포에서 새로운 바이러스가 방출되는 과정을 돕는 효소인 뉴라미니다아제는 9가지가 알려졌지. 물새류(조류)에 기생하는 바이러스는 이론적으로 16가지의 H와 9가지의 N이 144가지(16×9가지)나 되는 다양한 조합을 나타낼 수 있어.

이 바이러스들은 다양한 독감을 일으키지. 예를 들자면 H1N1형 바이러스는 1918년에 스페인독감, 1977년에 소련

독감, 그리고 2009년에 신종플루를 일으킨 주범이야. H2N2형 바이러스는 1957년에 아시아독감을, H3N2형 바이러스는

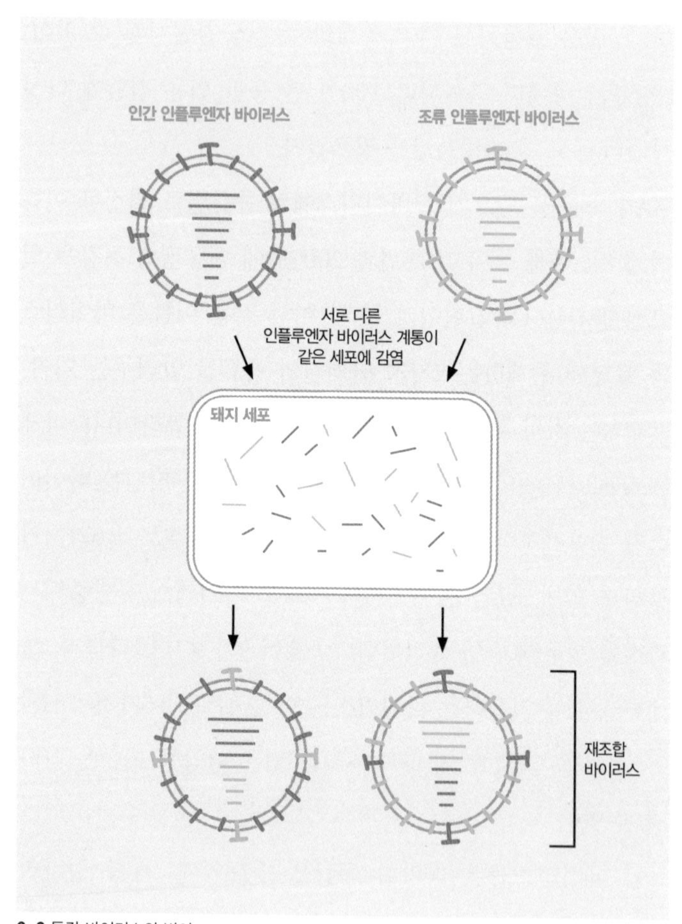

6-2 독감 바이러스의 변이

홍콩독감을 일으켰어. 그리고 H5N1형 바이러스는 2004년 조류독감을 일으켰고, 우리나라에서는 2014년에 H5H8형 변종바이러스가 최초로 보고되기도 했어.

독감의 대유행

스페인독감은 1918~1919년 사이에 유행하여 400~500만 명을 죽음으로 몰고 갔어. 당시 유행한 독감 때문에 1차 세계대전과 2차 세계대전, 6 · 25전쟁, 그리고 베트남전쟁의 사상자를 합친 수보다 더 많은 사람이 사망했고, 그 중에서도 20~40세의 사망률이 높았어. 이 독감이 왜 이처럼 치명적이었는지를 밝히고자 노력했던 학자들은 나중에 영구동토층 무덤에 보존되어 있던 알래스카인 희생자의 허파 조직에서 바이러스 표본을 채취해 이 바이러스가 H1N1형이라는 것을 밝혀냈어.

1977년에 유행한 소련독감도 H1N1형 바이러스가 원인으로 밝혀졌는데, 청소년이나 청년층에서 주로 발병했고 1989년까지 지속되었지만 지역적인 유행병이었다고 할 수 있지. 2009년에 세계적으로 대유행된 신종플루도 H1N1형 바이러스에 의해서 발생했는데, 유전체 검사 결과 사람과 조류 바이러스, 그리고 북미와 아시아의 돼지 바이러스의 RNA 토막을

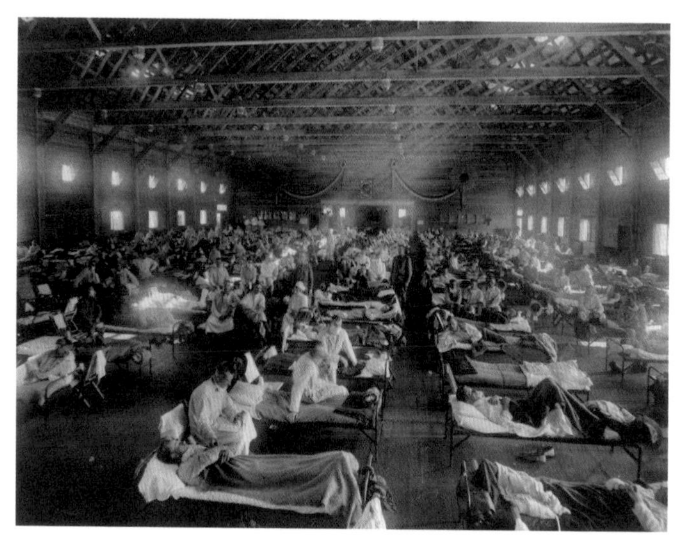

6-3 군 병상에서 스페인 독감을 앓고 있는 군인들. (출처: 위키미디어)

가지고 있다는 것이 밝혀졌어. 이 H1N1형 바이러스는 돼지의 몸 안에서 생성된 것으로 추정되는데 오랫동안 단계별로 일련의 유전체 재편성이 일어나 만들어졌다는 것을 알 수 있었지. 즉 조류, 돼지 및 인간의 독감 바이러스 서열이 돼지의 세포 안에서 뒤섞였던 거야. 이런 이유로 인해 신종플루는 초기에 '돼지독감'이라고 불리기도 했어.

1957년에 유행했던 독감은 H2N2형 바이러스, 그리고 1968년에 유행했던 독감은 H3N2형 바이러스에 의해서 발생했어. 특히 1957년에 유행했던 아시아독감은 H2N2형 바이러스였는데, 전 세계적으로 100만~200만 명의 사망자를 낳았어. 그러다가 바이러스를 증식하는 복제 과정 중에 H2N2형의 유전자가 H3N2형으로 돌연변이했지. 1968년에 홍콩독감이라 불리는 H3N2형 바이러스에 의한 독감은 무려 100만 명 이상의 사망자를 내면서 팬데믹이 선언되기도 했어.

H5N1형 바이러스는 원래 조류에서만 감염되고 사람에게는 전염되지 않는 바이러스로 알려졌다가 1997년에 홍콩에서 3세의 남자아이가 이 바이러스에 의한 독감으로 사망하는 사례가 발생했지. 또 다른 2명의 홍콩 어린이가 조류독감에 걸리면서 독감에 대한 공포가 시작되었어. 홍콩 정부는 대유행을 방지하기 위해 모든 닭을 살처분■했지. 다행히 독감 감염자는 유행이 18명에서 멈췄고, 그 중에서 6명이 사망했어. 역학자들은 새로운 독감 바이러스가 사람을 숙주로 쉽게 이용할 수 있게 된다면 팬데믹으로 번질 수 있다고 경고했어. 2003~2004년 사이에 아시아에서 또다시 조류독감이 발생했고 이 때문에 가금류가 다시 한번 광범위하게 살처분됐지.

■ 병에 걸린 가축 따위를 죽여서 없애는 걸 말해.

장기적으로 볼 때 가장 큰 위협은 어쩌면 야생 조류 또는 가금류가 지니는 H5N1 바이러스일지도 몰라. 1997년 홍콩에서 최초로 조류에서 사람으로 전파된 사례가 발생했어. 이후 H5N1 바이러스 감염에 의한 일반적인 치사율은 50퍼센트가 넘는 놀라운 수준을 보였고, 게다가 숙주 범위가 확대되고 있어. 서로 다른 바이러스와 유전물질을 뒤섞어 새로운 변종 바이러스가 출현할 가능성이 점점 높아지고 있는 거지. 만일 H5N1 조류 바이러스가 쉽게 사람 사이에 전염되는 형태로 진화한다면, 이는 1918년의 대유행성 독감에 못지않은 심각한 위험이 될 수 있어.

이런 일이 가능할까? 족제비를 동물 모델로 사용해 사람의 독감을 연구한 과학자들에 따르면, 조류독감바이러스에 단 몇 개의 돌연변이만 일어나도 사람의 비강이나 기도 세포를 감염시킬 수 있다고 해. 실험중에 과학자들이 족제비 한 마리에서 다른 족제비로 비강 분비물을 연속적으로 옮겨 주니까, 돌연변이 바이러스가 족제비들 사이에서 전파되는 것을 확인할 수 있었어. 2011년 연구자들이 이 연구 결과를 학회에 보고하자 즉시 이 결과를 공개적으로 발표해도 좋은지에 대한 논쟁이 폭발적으로 일어났지. 결국 학계는 이 연구가 대유행성 전염병 예방에 도움되는 가치가 이 연구 결과를 나쁜 의도로 사용할 위험보다 더 크다고 최종 판단을 내렸고, 연구 결과는 2012년에야 발표되었어.

신종 바이러스들은 대개 그 자체로 새로운 것이라기보다 기존에 있던 바이러스에 돌연변이가 일어나 현재보다 더 넓은 숙주 범위를 지니게 된 것이 많아. 숙주의 행동이나 환경의 변화로 인해 새로운 질병을 일으키는 바이러스가 쉽게 이동할 수도 있고 말이야. 예를 들면 새로운 길이 뚫린다면 이전에는 격리돼 살았던 집단 사이에서도 바이러스가 전파되는 경로가 열릴 수 있지. 또한 숲을 파괴하여 작물을 심는 면적이 넓어지면서 사람을 감염시킬 수 있는 바이러스를 보유한 야생 동물과 접촉하는 일이 많아지기도 해.

2. 왜 바이러스 질병은 막기 어려울까?

우리는 재조합이 어떻게 바이러스 진화에 영향을 미칠 수 있는지 살펴보았어. 그럼 돌연변이는 어떨까? 돌연변이는 바이러스 유전물질(DNA 또는 RNA)을 영구적으로 변화시켜. 돌연변이는 바이러스의 DNA 또는 RNA를 복사하는 도중에 실

수가 일어나서 발생하지. 어떤 바이러스는 돌연변이율이 매우 높지만, 언제나 그런 것은 아냐. 일반적으로 RNA 바이러스의 돌연변이율이 높고, DNA 바이러스는 돌연변이율이 낮아. DNA 바이러스에는 유전물질을 복제하는 동안 생긴 오류를 고쳐 주는 도구가 있기 때문이야.

어떤 돌연변이는 바이러스에 면역력을 가진 사람에게도 질병을 일으킬 수 있는 새로운 변이체로 바뀌지. 즉 바이러스 개체군의 유전자풀은 시간에 따라 변해. 바이러스는 자신들의 숙주보다 더 빨리 진화하는 경향이 있어. 독감바이러스의 변이체에 나타난 유전적 변화를 분석하여 독감의 전파 과정과 연결시킬 수 있지. 이로써 바이러스 진화는 바이러스를 공부하는 학자들뿐만 아니라 의사, 간호사, 공중보건 전문가, 그리고 바이러스에 노출되는 우리 모두에게 중요한 주제가 되었어.

대부분의 돌연변이는 바이러스의 증식에 해롭지만 특정한 조건에서는 증식에 오히려 유리해질 수 있어. 예를 들면 어떤 돌연변이는 바이러스가 약품에 대한 내성을 갖도록 할 수 있지. 특정한 약품은 바이러스의 주요 효소를 저해함으로써 증식을 차단할 수 있어. 이 약품 중에 한 가지를 복용하면 처음에는 환자의 바이러스 수준이 낮아져. 하지만 얼마 후 약품에 내성을 갖는 형태의 바이러스가 출현하게 되지. 그래서 항바이러스 약품이 잘 듣지 않게 돼. 이걸 방지하기 위해 몇 가지 약품을 섞어 쓰는 요법을 사용해.

또한 바이러스 개체군의 규모가 클수록 이런 변이 바이러스들이 더 잘 생길 수 있기 때문에 이동 금지, 거리두기와 같이 전파를 막는 사회적 조치를 취하고, 새로운 치료약과 백신을 개발하기 위해 노력해야겠지. 더 자세한 부분은 다음 장에서 설명할게.

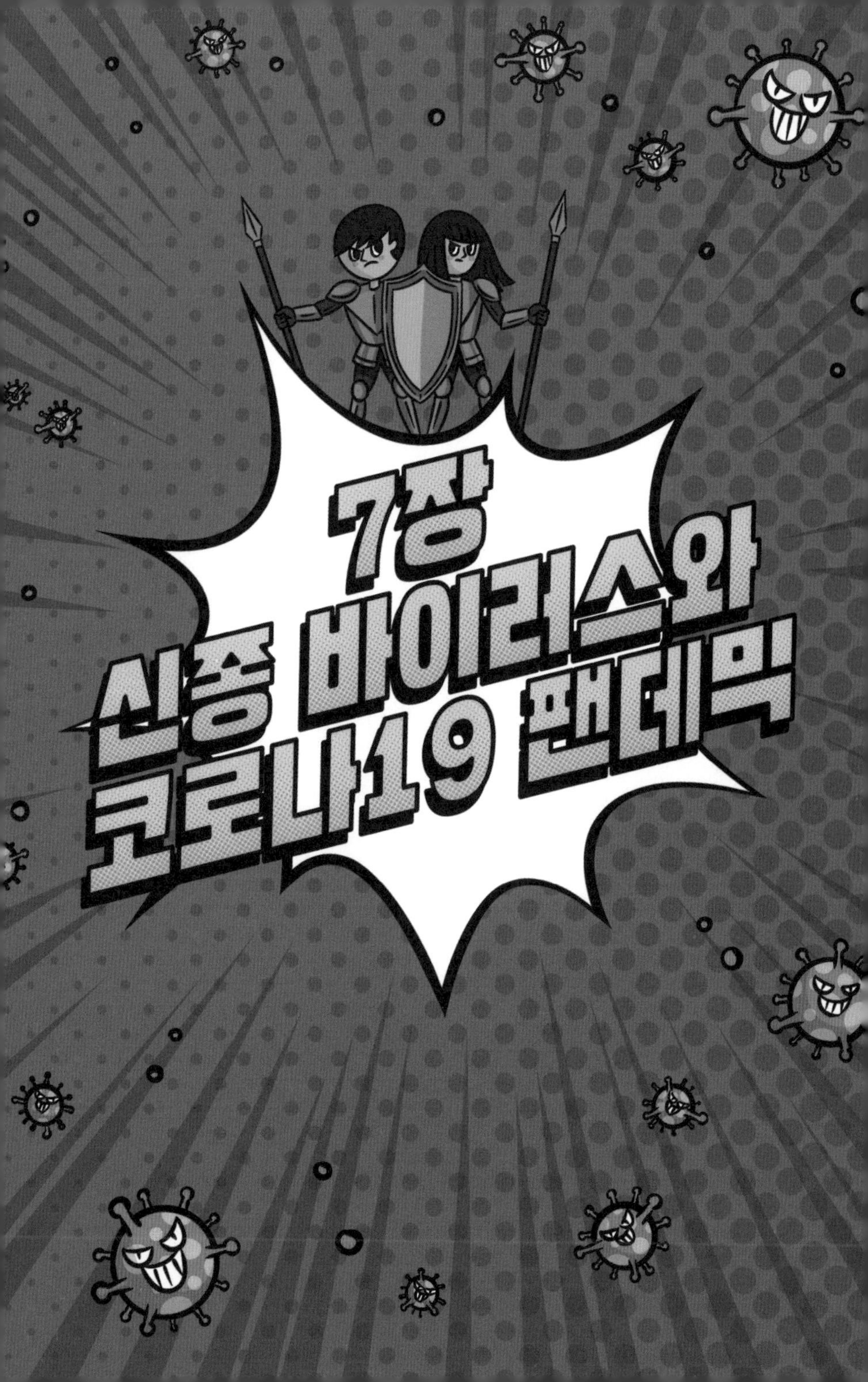
7장
신종 바이러스와
코로나19 팬데믹

코로나19를 일으키는 신종 코로나바이러스가 전 세계를 위협하며 바이러스에 대한 위기감이 그 어느 때보다 높아졌어. '신종'이라는 단어가 암시하듯 이번 사태를 일으킨 코로나바이러스는 지금까지 겪어 보지 못한 새로운 바이러스야. 지역을 가리지 않고 전 세계에서, 연령을 가리지 않고 남녀노소 모두에게, 하루 이틀이 아니라 수년간 지속적으로 퍼진 이 신종 코로나바이러스는 이번 한 번 유행으로 끝날 거라고 확언할 수 없다는 점 때문에 두려움을 키우지. 과연 인간은 바이러스를 물리칠 수 있을까? 혹은 예방할 수 있을까?

이번 장에서는 코로나바이러스를 집중적으로 살펴보며 인류가 할 수 있는 최대한의 대응책이 무엇일지 알아보고자 해. 완벽히 떨쳐 낼 수 없는 존재가 바이러스라면, 그리고 계속 새로운 모습으로 변신하면서 언제든지 불시에 들이닥칠 불청객이라면 피해를 최소화할 방안에 대해 준비하고 있어야 할 테니까.

1. 신종 바이러스란 무엇일까?

갑자기 나타나거나 또는 의학계에 새로 보고되는 바이러스를 보통 '신종 바이러스'라고 해. 실제로는 새로운 전염병을 일으키는 모든 바이러스를 신종 바이러스라고 할 수 있지.

1980년대 초에 샌프란시스코에서 출현한 인간면역결핍바이러스(HIV)는 동성애 때문에 천벌을 받는 것이라고 지탄 받았는데, 1959년 벨기에령 콩고에서 최초로 발견되었고, 발병 원인이 동성애뿐 아니라 수혈이나 다른 원인을 통해서 전파될 수도 있다는 사실이 알려졌어.

1976년 최초로 중앙아프리카에서 발견된 에볼라바이러스는 고열, 구토, 다량의 출혈, 순환계 장애 등의 여러 증상을 동반한 출혈열을 일으키는 신종 바이러스 가운데 하나야.

2009년 4월부터 시작된 독감(신종 인플루엔자 A)은 빠르게 확산되어 2009년 9월에 이르러 WHO에서는 결국 이 질병을 세계적 대유행병이라고 공식적으로 발표했어. 그해 11월까지 이 질병은 207개 나라로 퍼졌고, 60만 명 이상이 감염되어 약 8000명이 사망한 것으로 보고됐지. 병원체인 바이러스는 H1N1으로 명명되었어. 공중보건당국은 조속하게 사회적 거리두기 지침을 내렸고, 다행히 타미플루라는 치료제가 개발되면서 더 이상의 희생자를 막을 수 있었지.

인간 코로나바이러스

코로나19를 일으키는 신종 코로나바이러스가 한때 전 지구를 덮었었어. 세계적 대유행병을 일으키는 코로나바이러스(Coronavirus, CoV)는 인간에게 호흡기 감염을 일으킨 전력이 있는 다양한 종류의 양성 전사 단일 가닥 바이러스의 구성원이지. 이 바이러스의 이름은 라틴어로 왕관이나 후광을 뜻하는 코로나(corona)에서 유래되었어. 코로나는 코로나바이러스의 표면에 돌출된 왕관과 같은 스파이크 단백질을 가리켜. 이 새로운 바이러스는 중증급성호흡기증후군 코로나바이러스 2, 또는 간단히 줄여서 Sars-CoV-2(신종 코로나바이러스)라고 하지. 그리고 이 바이러스가 일으키는 질병을 코로나19(COVID-19, CoronaVirus Disease 2019)라고 해.

이 신종 코로나바이러스(코로나19) 입자는 지름이 90나노미터 정도이고, 폐렴균 부피의 100만 분의 1 정도야. 숙주세포가 만든 지질막인 외막에는 왕관과 같은 돌출물을 만드는 스파이크 단백질이 있고, 이 외에도 외막 단백질과 막 단백질이라는 다른 두 종류의 단백질이 있어. 막 안쪽에는 뉴클레오캡시드라는 네 번째 단백질이 바이러스 유전체 RNA의 2만

9891개의 글자로 이루어진 유전체를 감싸는 역할을 하지.

코로나19는 독감이 아니라고 확실하게 말할 수 있어. 증상이 다르고, 전파력도 다르고, 치사율이 더 높고, 무엇보다 병원체가 완전히 다른 바이러스 과에 속해. 그중 가벼운 감기를 일으키는 4종의 바이러스*들은 오랫동안 사람들을 괴롭혀 왔지. 메르스와 사스를 일으키는 바이러스들은 드물게 나타나지만 감기보다는 더욱 심각한 질병을 일으키지. 이번에 등장한 이 일곱 번째 코로나바이러스는 갑자기 세계적 대유행병을 일으켰어.

사스와 메르스

7종의 사람 감염 코로나바이러스 중에서 2종은 상당히 많은 사망자를 낳은 중증급성호흡기증후군이라는 사스와 중동호흡기증후군이라는 메르스를 발병시켰어. 이들 코로나 바이러스 중에서 가장 잘 알려진 것은 2002년 11월~2003년 7월까지 전 세계적으로 유행한 사스(SARS-CoV)인데, 약 8000명이 감염됐고, 그중 774명이 목숨을 잃어 9~10

* 사람 감염 코로나바이러스는 총 7종인데, 감기를 일으키는 유형 4종(HCoV 229E, HCoV NL63, HCoV OC43, HCoV HKU1), 중증 폐렴을 일으킬 수 있는 유형 3종(SARS-CoV, MERS-CoV, SARS-CoV-2)이 있어.

7-1 사스 vs. 메르스 비교

사스(중증급성호흡기증후군)		메르스(중동호흡기증후군)
사스-코로나바이러스	**바이러스명**	메르스-코로나바이러스
2002년 11월/중국, 광둥	**발생 시기/장소**	2012년 4월 / 사우디아라비아
발열, 두통, 몸살, 위장관 증상	**증상**	발열, 기침, 호흡 곤란
최대 10일	**잠복기**	최대 14일
호흡기, 물리적 접촉	**전염 경로**	물리적 접촉
(메르스보다) 높음	**전염성**	(사스보다) 낮음
9.6퍼센트	**치사율**	39.5퍼센트
774/8098명	**사망자/감염자**	428/1084명
없음	**백신**	없음

자료: 세계보건기구

퍼센트의 사망률을 나타냈어.

2012년에는 중증 호흡기 증후군을 일으키는 새로운 코로나 바이러스인 메르스(MERS-CoV)가 등장했지. 사스가 사람에서 사람으로 쉽게 전파되는 데 비해 메르스는 낙타로부터 사람으로 감염되는 동물원성 질병이야. 그래서 주로 아라비아 반도에서 제한적으로 발병했어. 우리나라는 2015년에 방역에 실패해서 186명이 확진되었고, 그 중 39명이 사망했어.

계절성 감기

모든 코로나바이러스가 사스와 메르스처럼 치명적인 것은 아니야. 4종의 '계절성' 감기 코로나바이러스는 매년 많은 사람을 감염시켜. 사스와 비교하면, 이들 계절성 코로나바이러스는 전파력이 낮고 증상이 가벼우며, 몸살을 일으키는 원인이기도 해. 실제로 모든 몸살 환자의 5~12퍼센트에서는 코로나바이러스가 검출되고, 매년 수백만 건의 감염을 일으키지. 이 계절성 코로나바이러스는 과거 100년 동안 박쥐 저장고로부터 사람으로 여러 번 건너온 결과야. 이 감염성 바이러스는 스스로 증식해서 인간 개체군에 널리 퍼지게 된 거고.

2. 신종 코로나 바이러스는 어디서 유래했을까?

아직도 밝혀지지 않은 신종 바이러스의 기원

바이러스는 세포로 들어가야 하기 때문에 숙주 선택이 까다로워. 그러나 아주 드물기는 해도 바이러스가 새로운 종으로 들어가는 경우도 있어. 돌연변이해서 새로운 환경에 적응하게 된 거지. 사스 코로나바이러스, 메르스 코로나바이러스, 그리고 신종 코로나바이러스는 사람에게 도달하는 경로는 모두 다르지만, 아마도 박쥐로부터 처음 유래한 것으로 생각되어지고 있어. 예를 들어 사스 코로나바이러스는 사향고양이를 거쳐, 메르스 코로나바이러스는 낙타를 거쳐 사람에게로 전파되었다고 추정하지. 사람들이 그 동물들을 사육하거나 그 고기나 산물을 먹기 때문에 퍼져나가는 거야.

신종 코로나바이러스(코로나19)에 대한 유전 정보는 2020년 1월 중순에 공개되었어. WHO와 중국의 공동보고서에 따르면 신종 코로나바이러스의 유전체는 박쥐 사스 유사 코로나바이러스의 유전체와 96퍼센트, 천산갑 사스 유사 코로나바이러스의 유전체와 86~92퍼센트 일치한다고 해. 과학자들에 의하면 신종 코로나바이러스의 가장 가까운 야생 친척은 사스 코로나바이러스나 메르스 코로나바이러스와 마찬가지로 원래 박쥐에서 기원했고, 그 다음에는 직접 또는 다른 종을 거쳐 인간에게로 옮겨온 것 같아. 하지만 어디서, 그리고 어떻게 사람에게로 옮겨왔는지는 아직 알 수 없어. 박쥐의 바이러스가 다른 포유동물을 감염시킨 다음에 돌연변이해서 사람에게도 전파될 수 있었던 거라고만 생각할 뿐이지.

보건 전문가는 전염병이 중국 우한의 야생동물 시장에서 기인했다고 믿고 있는데, 그 이유는 의학학술지에 따르면 41명의 초기 환자 중에서 27명이 그 시장을 방문한 적이 있기 때문이야. 그런데 시장에 다녀온 적 없는 사람도 그보다 일찍 코로나19에 걸린 것을 보면 야생동물 시장 밖에서 누군가가 먼저 감염됐을 가능성도 있어. 유전체 분석 결과를 해석하자면 이 새로운 바이러스의 중간 숙주 동물은 야생동물 시장에서 거래되는 작은 포유류인 천산갑일 수도 있어. 천산갑에서 발견된 코로나바이러스는 신종 코로나바이러스를 닮았지만, 사람의 수용체인 ACE2를 인식하는 스파이크 단백질에 한정돼. 두 코로나바이러스의 다른 단백질은 유사하지 않기 때문에 천산갑은 신종 코로나바이러스의 원래 저장소일 것 같지는 않아.

어떤 논문은 바이러스가 뱀으로부터 옮겨왔을 것이라고 해서 언론의 주목을 받았지. 이 생각이 그럴 듯하다고 생각한 사람들도 있었는데, 왜냐하면 뱀은 사람들이 들렀던 야생동물 시장에서 종종 판매되었기 때문이야. 그러나 다른 전문가들의 의견은 아주 회의적이야. 이전에 사람을 감염시킨 코로나바이러스는 포유동물과 조류에서만 발견되었기 때문이지. 따라서 뱀이 중간 숙주라는 주장은 뜬금없고 연구의 증거도

빈약하다는 의견이 있어.

아직 어떤 종이 신종 코로나바이러스를 우리에게 옮겼는지 알지 못해. 따라서 과학자들은 여전히 동물 숙주에 대한 단서를 찾고 있어. 과학자들은 정확한 감염원을 밝히려면 시간이 걸릴 거로 예측해. 하지만 유래한 중간 숙주를 집어내는 것이 지금 최우선적인 일은 아니야.

바이러스 인공 제조 음모론

신종 코로나바이러스는 동물에서 기원이 되었지만 확실히 사람을 효율적으로 감염시켜. 사스코로나바이러스가 처음으로 이렇게 옮겨왔을 때는 ACE2를 잘 인식하기 위해서 약간의 돌연변이 기간이 필요했어. 그런데 신종 코로나바이러스는 그럴 필요가 없이 처음부터 잘 인식할 수 있었던 거야. 이처럼 잘 들어맞자 음모론자들의 의심을 부추겼어. '어떻게 임의의 박쥐 코로나바이러스가 인간 세포를 처음부터 효율적으로 감염시키는 형질을 정확히 가지고 사람에게 옮겨올 수 있었을까?' 하고 말이야. 그 확률이 아주 낮다고 생각한 거지.

하지만 신종 코로나바이러스가 실험실에서 새어나왔다는 설에는 증거가 없어. 코로나19를 발병하는 코로나바이러스의 유전체를 분석해 보니 동물로부터 기원했다는 점을 알 수 있었고, 실험실에서 연구하던 코로나바이러스가 새어나와 질병을 유발했다는 실험실 누출 시나리오와도 들어맞지 않았지. 이런 코로나바이러스는 수백만 내지 수십억 개체가 있기 때문에 때로는 일어날 것 같지 않은 일도 일어날 수 있어. 한때 철회된 논문에서 주장했던 신종 코로나바이러스에 인간면역결핍바이러스 염기 서열을 넣어 독성을 유전적으로 조작했다는 음모론도 확실한 증거가 없어.

3. 코로나19는 어떻게 감염될까?

비말·접촉과 에어로졸 전파

WHO에 의하면 감염된 사람이 말하거나 기침하거나 재채기할 때 생성되는 호흡기 비말을 통해 서로 가깝게 접촉하는 사람들 사이에 신종 코로나바이러스가 확산될 수 있어. 신종 코로나바이러스는 공중에서도 몇 시간 생존할 수 있지만 전파는 감염된 사람과 2미터 정도의 거리 안에 있을 때와 같이 밀접 접촉을 통해서 대부분 일어나. 비말은 공기를

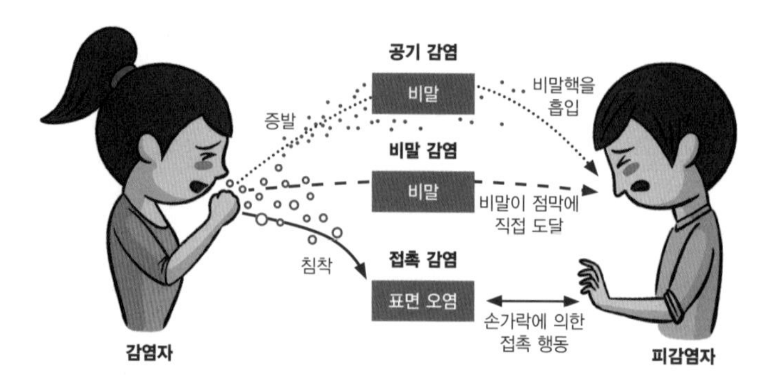

7-2 비말 접촉과 에어로졸 전파

타고 퍼져 나가서 다른 사람들의 입이나 코에 내려앉을 수가 있고, 폐로 흡입되어 이들을 감염시키지.

비말은 책상, 카운터, 손잡이의 표면에 내려앉아 남아 있을 수 있어. 코로나바이러스는 표면과 기후에 따라 몇 시간에서 길게는 며칠까지 존재할 수 있지. 바이러스에 감염된 표면이나 물체(감염 매개물)에 접촉한 후에 손을 씻지 않고 눈, 코, 입을 만지면 바이러스가 몸속으로 들어가 병에 걸릴 수 있는 거야. 그래서 공중보건 전문가들은 자주 접촉하는 지역을 소독하라고 권고하지.

병원균 감염의 경로 중 하나로, 최근에는 공기를 통해 전염된다는 이론이 힘을 얻고 있어. 2021년 5월 중순 미국 질병

통제예방센터(CDC)는 실내 공기 전파를 코로나19의 주요 감염 경로로 인정했지. 감염된 사람으로부터 1.8미터 이상 떨어져 있어도 공기 중에 있는 바이러스를 흡수할 수 있다고 해. 이에 따라 비말 감염이나 접촉 감염 위주의 방역에서 벗어나 환기 등 공기 감염을 차단하기 위한 방역 대책을 강화해야 할 필요성이 커졌어.

감염재생산지수

감염률은 한 명의 감염자가 몇 명에게 바이러스를 퍼트릴 수 있는지를 보여 주는 척도야. 질병 모델링 전문가들은 코로나19의 감염률을 약 2.0~2.5로 잡고 있어. 코로나19는 계절성 독감보다는 감염률이 확실히 높지만, 다른 치명적 감염성 질환들은 감염재생산지수(Ro)의 범위가 넓기 때문에 비교하기가 쉽지 않지만 대체적으로 낮은 것 같아.

하지만 공중보건 전문가는 이 추정치가 시간에 따라 변할 수 있고, 인간의 행동이나 바이러스 전파를 차단하는 수단에 의해서 낮춰질 수 있다고 해. 예를 들어 우리나라와 이탈리아에서 코로나19의 Ro값은 매우 다르고, 이 때문에 본질적인 특징은 아니야. 감염률 자체는 질병이 얼마나 위험한지를 알려주지 않아. 그것은 역학자들이 질병의 심각성을 나타내기

7-3 감염자 1명의 감염재생산지수(Ro)

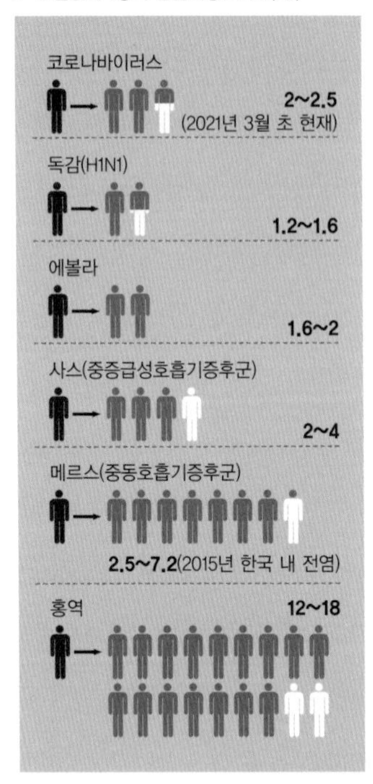

위한 용어인 병독성을 나타내는 게 아니라 전염성의 척도일 뿐이야. 어떤 전염병의 경우엔 Ro 수치가 훨씬 높아도 사망률이 매우 낮다면 놀랄 필요가 없어. 결막염의 Ro 수치는 4에 달하지만 결막염으로는 목숨이 위험하지 않기 때문에 심각하게 생각하지 않잖아.

전문가들은 바이러스가 얼마나 쉽게 전파될 수 있는지에 대해서 논쟁하고 있어. WHO는 코로나19가 주로 가족을 통해서 전파되며, 직접 접촉으로 일어난다고 추정했어. 전염병학자들은 Ro값이 높으면 병원체가 더 빠르게 퍼질까 봐 걱정하는데, 만약 병원체가 많은 사람(기저질환이 있는 사람)을 감염시킨다면 치명률이 낮다고 해도 목숨을 잃는 사람이 많아질 수 있기 때문이야. 최근 변이 바이러스의 등장으로 이런 걱정이 현실화되고 있지. 영국에서는 변이 바이러스의 Ro값이 원래의 바이러스의 Ro값보다 0.4~0.7 더 높아서 엄청나게 빠르게 전파된다는 연구 결과도 나왔어.

임페리얼 칼리지의 연구에 따르면 영국의 11월 봉쇄 기간 동안 원래의 바이러스의 전파가 3분의 1로 줄어든 반면 새로운 변이 바이러스의 전파가 3배 증가했다고 해. Ro값이 1.0 이하로 떨어져야 전염병 확산이 줄어들 수 있는데 이 연구 결과는 새로운 바이러스의 경우 Ro값을 1 미만으로 줄이지 못할 것임을 암시하게 되었지. 결국 변이 바이러스는 계속 확산되고, 감염자나 입원 환자가 더 많이 늘어나고, 사망자도 더 발생할 수 있다는 이야기야.

코로나19에 걸린다면

신종 코로나바이러스는 상기도(기도 중 상부에 해당하는 코, 인두, 목구멍, 후두)나 하기도(인후, 기관, 기관지, 허파를 포함하는 호흡기)를 감염시키는 것으로 추정돼. 일반적으로 상기도 감염은 더욱 쉽게 전파되지만 온건한 경향이 있고, 반면에 하기도 감염은 전파되기 어렵지만 더욱 중증이야. 이 이중 감염은 증상이 나타나기 전에 사람 사이에서 바이러스가 전파(무증상 감염)될 수 있는 이유를 설명해 줘. 바이러스가 아마도 하기도로 옮겨 가서 중증을 나타내기 전에, 아직 상기도에 머물러 있을 때 전파하는 것 같아. 이러한 특성이 상황을 더욱 통제하기 어렵게 만들지.

코로나19에 감염되면 우리 몸속의 면역계는 바이러스를 물리치려고 싸우면서 염증과 발열을 일으켜. 사례 보고서에 의하면 발열(88퍼센트), 마른기침(68퍼센트), 탈진(38퍼센트), 습식기침(33퍼센트), 호흡곤란(18퍼센트) 등의 증상이 가장 많았어. 또한 약 14퍼센트의 사람들이 목 통증, 두통, 근육통을 경험한다고 해.

그러나 중증으로 발전하면 면역계는 과잉 반응해서 폐 세포를 공격하기 시작하지. 폐는 액체와 죽은 세포로 가득 차게 되고 호흡이 곤란해져. 어떤 경우에는 급성 호흡부전증후군으로 이어져 환자가 사망할 수도 있어. 염증 반응으로 혈관의 투과성이 너무 커지면 폐에는 고름이나 액체들로 가득 차게 되지. 2020년 3월 24일에 중국에서 코로나19로 인한 사망자를 부검한 결과에 따르면, 폐가 전반적으로 손상되었고 기관지가 노폐물과 혈액 분비물로 막혀 있었다고 해.

코로나19에 걸리면 건강한 사람의 경우엔 약 80퍼센트가 가벼운 증상만 경험한다고 알려져 있어. 중국 질병통제센터의 2020년 2월 자료에 의하면 4만 4672건의 사례 중에서 81퍼센트는 경증, 13.8퍼센트는 중증, 4.7퍼센트는 위중한 상태였다고 해. 죽은 사람 모두는 위중한 상태였지. 우리나라에서 청소년의 경우 아직 코로나19로 직접 사망한 사례는 보고되지 않았는데, 면역력이 높은 젊은 층이 신종 코로나바이러스에 감염되면 면역계의 과잉반응으로 오히려 위험해질 수도 있어(사이토카인 폭풍).

코로나19 초기에는 감기나 독감으로 오인하기 쉽지. 어떤 사람들은 약하게 앓고 지나가거나, 감염되지만 증상을 느끼지 못해. 어떤 환자들은 초기에는 발열하지 않거나 '활동성 폐렴'을 앓게 되는데, 병원에 입원할 정도로 아프지 않기 때문에 몰랐다가 다른 사람을 감염시킬 수 있어. 또 다른 경우엔 며칠 동안 약하게 아프다가 급성 중증 폐렴으로 진행해.

청소년이나 아동은 코로나19 감염으로 인해 위중한 상태에 빠질 위험이 높은 것 같지는 않아. 마카오에서 15살의 바이러스 양성자는 발열이나 기침이 없었어. 한 의학지에 따르면 식구들이 아픈데도 증상을 나타내지 않은 10살 소년이 있었지. 현재 임신부, 태아, 신생아가 특히 코로나19에 위험하다는 증거는 별로 없지만, 공중보건 전문가는 고위험 집단의 구성원은 가능한 한 큰 집단의 사람들과 격리되어야 안전하다고 권고하고 있어.

4. 코로나19의 세계적 대유행

코로나19는 DNA 대신 RNA를 유전물질로 가지기 때문에 숙주세포 안에서 복제하면서 생기는 틀린 글자를 스스로 바로잡지 못해. 그리고 시간이 지나면서 조금씩 틀린 글자가 더 많이 생기지(돌연변이). 오자가 몇 개 발생했는지, 또한 어느 곳에서 발생했는지에 따라 코로나바이러스가 언제 최초로 발생했는지, 또 어느 곳에서 전염되었는지를 추정할 수 있어.

이처럼 서열의 돌연변이가 일어난 시기를 추정하는 계통수로 분석해 보면 동물원성 감염의 공통 조상은 2019년 11월 초반에 처음으로 나타났고, 우한에서 비롯한 신종 코로나바이러스의 공통 조상은 2019년 12월 초에 등장한 것으로 추정돼. 몇몇 사람들은 이것을 '우한 바이러스' 또는 '중국 바이러스'라고 부르지. 그곳이 처음 발견된 곳이라고 생각하기 때문이야. 그런데 과학자들은 대상을 낙인찍을까 봐 사람 이름이나 장소, 그리고 동물을 따서 바이러스 이름을 짓지 않아.

코로나19는 우한을 중심으로 발병한 것 같다고 여겨지지만, 중국 전역과 홍콩, 싱가폴, 일본, 태국, 그리고 유럽, 북미, 남아시아, 중동, 아프리카와 호주를 포함한 주변국으로 걷잡을 수 없이 퍼져 가고 있어. 중국 밖의 지역 감염도 보고되었고. 우리나라의 초창기 코로나19 유전체 데이터를 분석해 보면, 중국 후베이성과 광동성, 베이징에서 유입한 바이러스가 퍼진 것으로 추정돼.

시간대별로 살펴보면 2019년 12월 31일에 중국 우한에서 원인이 명확하지 않은 폐렴 환자 27명이 처음 발생했어. 다음해 2020년 1월 9일엔 중국에서 첫 사망자가 발생했고 원인으로 신종 코로나바이러스를 확인했지. 1월 15일에 WHO는 "사람 간 전염을 배제 못하며 확산 가능성에 대비해야 한다." 고 발표했어. 1월 8일에는 우리나라에서도 첫 의심 환자가 발생했고, 20일에는 첫 사망자가 발생했지. 1월 23일에는 중국이 우한시 전역을 봉쇄했고, 1월 30일 WHO는 국제적 공중보건 비상 상태를 선포했어. 3월 11에는 WHO가 코로나19 발생 72일 만에 세계적 대유행(팬데믹, pandemic)을 선언하게 되었지. 그리고 마침내 2023년 5월 5일, "3년 4개월의 팬데믹 기간이 종료되었고, 엔데믹(endemic, 만성유행병)으로 변했다"고 발표했어.

확진자와 사망자 발생

발생 초창기 중국의 환자를 대상으로 한 연구에서는 대부분의 코로나19 확진자가 성인으로 나타났어. 중국의 경우 4만 4672건 중 2.1퍼센트만이 20세 미만이고, 그중 1퍼센트만이 10세 미만 아동이야. 약 80퍼센트의 사람들이 경미하게 증상을 겪고, 14퍼센트가 중증을 경험하며, 5퍼센트가 위중한 상태에 빠졌어. 위중한 상태란 환자가 인공호흡, 쇼크 또는 집중 치료를 필요로 하고 기타 장기부전■을 경험했다는 걸 의미해. 전체적으로 20퍼센트 정도가 입원했어.

질병관리본부 중앙방역대책본부에 따르면 2023년 5월 15일 현재 코로나19 국내 확진자는 3141만 5280명이었어. 이 가운데 40대가 15.2퍼센트(478만 222명)로 가장 많았어. 이어 30대 14.7퍼센트(460만 7063명), 20대 14.6퍼센트(457만 6191명), 50대 13.1퍼센트(410만 4220명), 10대 12.4퍼센트(389만 7780명), 60대 11퍼센트(344만 7887명), 10세 미만 10퍼센트(313만 9989명), 70대 5.7퍼센트(177만 5550명), 80대 이상 3.5퍼센트(108만 6378명) 순이었지.

치명률

2023년 5월 15일 현재, 전 세계의 코로나19 확진

■ 간, 신장, 심장 등 우리 몸의 장기들이 제 기능을 하지 못하고 멈추거나 기능이 떨어지는 상태를 말해.

자는 6억 8389만 5735명에 달했고 사망자는 686만 9081명이야. 치명률(코로나19에 걸린 사람들 중 사망률)은 1퍼센트야. 우리나라 확진자는 3141만 5280명이고 사망자는 3만 4610명이어서 치명률은 0.11퍼센트야. 이는 전 세계의 사망률보다 크게 낮아 비교적 코로나19 관리를 잘하고 있다고 할 수 있지. 연령별로 사망률은 차이가 커서 80대 이상 환자에서는 1.9퍼센트, 70대에서는 0.44퍼센트, 60대에서는 0.11퍼센트, 50대에서는 0.03퍼센트, 40대에서는 0.01퍼센트, 30대 이하에서는 0퍼센트로 나타났어.

세계보건기구(WHO)와 중국의 공동 초기 보고서에 따르면 여성과 남성이 비슷한 비율로 감염되지만 코로나19 감염은 남성에게 더 심각하게 보인다고 해. 감염된 중국 여성의 2.8퍼센트만이 병으로 사망했지만 감염된 남성은 4.7퍼센트가 사망했어. 그런데 오랜 기간 동안 다른 나라의 사례도 살펴보니 남녀 간의 성비 차이는 없는 것 같아. 우리나라에서는 2023년 5월 15일 현재 남성 확진자가 46.23퍼센트(1452만 2431명), 여성 확진자가 53.77퍼센트(1689만 2849명)였고, 확진자 중 남성은 0.12퍼센트, 여성은 0.1퍼센트가 사망했어.

고령자들과 고혈압, 당뇨병, 심혈관 질환, 만성 호흡기 질환, 암과 같은 질병으로 면역력이 약화되었거나 원래 건강 상태가 좋지 않은 사람은 중증으로 발전할 위험이 더 높아.

검사 방법

진단 검사가 있는데, 이것은 어떤 환자가 코로나19를 앓는지 아니면 다른 감염증을 앓고 있는지를 확인할 수 있는 유일한 방법이야. 신종 코로나바이러스는 DNA대신 RNA를 유전물질로 갖기 때문에 역전사-중합효소연쇄반응(RT-PCR)이라는 방법을 사용해서 일단 RNA를 틀로 삼아 DNA를 증폭하게 돼. 모든 DNA를 증폭하는 것보다는 코로나19에만 독특하게 나타나는 유전자를 확인하는 것이 효율적이기 때

문에 보통 RdRP(RNA-의존성 RNA 중합효소)유전자, E(외막 단백질)유전자, N(캡시드 단백질)유전자 등을 사용해. 어떤 유전자를 사용하는가는 나라마다 조금씩 다르지만 우리나라에서는 RdRP유전자와 E유전자를 사용하고 있다고 해.

코로나19에 대한 면역 혈청을 가지고 있는지를 검사하기 위한 혈액 검사는 얼마나 많은 사람이 감염되었는지를 의학 통계를 통해 예측할 수 있어. 이 검사는 감염자가 증상 없이 지나갔더라도 신종 코로나바이러스에 감염된 적이 있거나, 앓았던 사람들이 재감염에 면역이 되어 있는지의 여부를 알려 줄 수 있거든.

최근엔 코로나19 의심 증상이 있는 경우 신속항원검사 키트를 사용해 검사하고 있어. 병원과 의원에서 검사할 경우 검사비는 무료이고, 진료비는 청구될 수 있어. 약국에서 개인용 신속항원검사 키트를 구매할 경우엔 구매 비용을 개인이 부담하지. PCR 검사는 만 60세 이상의 고령자, 의료기관 내 의사 소견에 따라 검사가 꼭 필요한 경우에만 시행하고 있어. 보건소 선별진료소 및 임시선별검사소에서 무료로 검사가 가능해. 의료기관 선별진료소나 일반 병원과 의원에서도 검사가 가능하지만, 진료비가 청구될 수 있어. 검사 결과가 양성이면 마스크 착용 등 방역 수칙을 준수하고, 증상이 있을 경우엔 의료기관의 진료를 받으면 돼.

5. 코로나19 치료법을 찾아서

감염증 대체 치료제의 사용

의사들은 갑작스럽게 들이닥친 코로나19를 아무런 대비 없이 맞을 수밖에 없었어. 그래서 초창기엔 환자들을 치료할 방법이 없었던 의사들은 예전에 사용 승인을 받았던 치료법과 약물 중에서 치료 가능성이 있어 보이는 것들을 찾으려고 노력했지.

우리나라 말고 다른 나라에서는 우선 특정 질병 치료에 승인된 약물을 사용하기도 했는데, 왜냐하면 약물이 해당 질병 이외에 다른 질병의 치료에도 사용해서 효과를 본 경우가 종종 있어서야. 우선 에볼라, 인간면역결핍증, C형 간염 등 바이러스성 질병에 사용했던 바이러스 차단제가 유력한 후보 물질로 떠올랐어. 그 중에서 렘데시비르는 2020년 10월 트럼프 전 미국 대통령이 코로나19에 걸렸을 때 사용해서 유명해졌지. 미국 식품의약국의 승인은 받았지만 이후 코로나19 입원 환자에게 거의 효과가 없다는 임상 시험 결과가 나오면서 WHO는 렘데시비르 사용 금지를 권고했어.

그리고 파비피라비르와 몰누피라비르는 인플루엔자 치료에 사용되기도 한 유전물질 복제 억제제인데, 이것도 아직 결정적으로 치료에 효과가 있다는 임상 시험 결과를 얻지 못하고 있어.

인간면역결핍증 치료제로 승인된 로피나비르와 리토나비르 칵테일 요법은 배양세포에서 코로나바이러스의 복제를 막는 것으로 나타났으나, 실제 환자를 대상으로 한 후속 임상 시험에서는 실패했어. 그리서 미 국립보건원의 코로나19 치료 지침에서는 환자에게 이 칵테일 치료제를 사용하지 말라고 권고했지.

그밖에 기상천외하게도 기생충 치료제나 말라리아 치료제가 새로운 코로나19 치료제로 각광 받다가 쓰지 않게 된 사례도 있지. 동물의 기생충을 치료하는 강력한 약물인 이버멕틴은 세포 연구에서는 바이러스를 죽이는 것으로 나타났어. 그런데 사람을 대상으로 한 임상 시험에서는 치료 효과가 없어서 항바이러스제로 아직 승인 받지 못했지. 미 식품의약국은 코로나19를 치료하거나 예방하는 데 이런 동물 의약품을 사용하지 말라고 경고했어.

말라리아 치료제로 사용되었던 클로로퀸과 하이드록시 클로로퀸도 세포 연구에서는 바이러스가 복제되는 것을 막을 수 있었지만, 결국 임상 시험에서는 이 약물들이 코로나19 치료에 도움이 되지 않고 오히려 환자에게 해를 끼칠 수 있다는 사실이 밝혀졌어. 2020년 초에 코로나19로 정치적 궁지에 몰렸던 트럼프 전 미국 대통령은 판을 바꿀 수 있는 의약품이라고 추켜세웠고, 미 식품의약국은 서둘러 긴급 사용 승인을 내주었지. 그러다 WHO와 미 식품의약국은 코로나19 치료에 사용할 때 심장과 다른 장기에 심각한 부작용을 일으킬 수 있다고 경고하면서 사용 중지를 결정했어. 이후에 한 내부 고발

자는 한때 미 식품의약국이 승인을 내준 것은 정치적 압력을 받았기 때문이라고 폭로했지.

면역계 모방

코로나19에 걸린 대부분의 사람은 강력한 면역 반응을 나타내며 바이러스와 싸우게 되는데, 전문가들은 이때 성공적으로 바이러스를 이겨내 회복기에 이른 환자의 혈장을 걸러내서 사용하면 적절한 방어를 할 수 없는 환자들에게 도움이 될 수 있다고 생각했어. 기대했던 만큼의 큰 효과는 아니었지만 코로나19 완치자의 혈청은 감염 초기의 환자에게 투여했을 때 중증으로 전이되는 것을 막을 수 있었지. 하지만 새로운 변이체에 대해서는 효과를 나타내지 못할 것이라는 단점이 있긴 해. 이런 단점을 없애기 위해 두 종류 이상의 단일클론항체를 섞어서 사용하는 게 보통이야. 밤라니비맙-에테세비만 칵테일, 카시리비맙-임데비맙 칵테일(REGEN-COV)이 많이 쓰이는데, 코로나19 환자의 증상을 호전시키는 데 효과가 있는 것으로 알려졌어.

우리 몸의 세포가 바이러스에 반응해서 자연적으로 생성하는 분자라고 할 수 있는 인터페론은 면역계에 침입자를 공격하도록 명령을 내리고 신체의 조직을 손상시키지 않도록 조절하는 역할을 하는데, 아직 중증 코로나19 환자를 치료할 수 있는지는 확실하지 않아.

코로나 19의 가장 심각한 증상은 바이러스에 대해 면역 체계가 과잉반응하는 거야. 과학자들은 면역 체계들이 우리 몸의 세포를 공격하는 것을 억제할 수 있는 약물을 테스트할 수 있어. 가장 많이 사용된 스테로이드제는 덱사메타손과 하이드로코르타손, 메틸프레드니솔론 등인데 임상 시험을 통해 코로나19 환자의 사망률을 낮추었다는 결론이 나왔지. 우리 몸의 세포는 또 질병과 싸우기 위해 사이토카인이라는 신호 분자를 생성하는데, 이 양이 많아지면 치명적인 수준의 염증을 유발할 수 있는 '사이토카인 폭풍'을 생성해. 토실리주맙, 마리시티닙, 플루복사민, 렌질루맙, 엑소-CD24 등에 대한 임상 시험이 진행 중인데, 어느 정도 가능성이 있을 것으로 생각되고 있어. 하지만 혈액 내의 사이토카인 양을 줄이기 위해서 혈액을 여과한다든가, 중간엽 줄기세포나 콜히친을 치료제로 사용하는 방법 등은 성공을 거두지 못했지.

미국의 제약회사 머크는 복용할 수 있는 코로나19 치료제 몰누피라비르의 3상 임상시험 중간 결과가 긍정적이라고 발표했고, 이어 2021년 11월 초 영국에서는 조건부이긴 하지만 최초의 사용을 승인했어. 하지만 숙주세포에 돌연변이를 일으킬 수도 있다는 위험성도 제기되고 있어 최종적으로 치료에 성공을 거둘지 불분명한 상황이야.

다양한 여러 가지 치료제가 사용되다 보니 어처구니없는 일들도 일어나고 있어. 2020년 4월말 미국에서는 코로나19를 치료하겠다고 표백제를 몸에 주입하는 사고가 급증했지. 이 사고가 발생하기 직전에 트럼프 전 미국 대통령이 알코올이나 표백제와 같은 소독제를 몸에 직접 주입하면 효과적으로 코로나19를 예방하거나 치료할 수 있다고 주장했기 때문이야. 그러자 보건 전문가와 의료진들은 이 사실을 반박하느라고 애썼는데, 이처럼 확인되지 않은 정보가 특히 유명인의 입을 통해서 나올 때의 부작용이란 어마어마하다고 할 수 있어. 그래서 전문가들의 올바른 정보 제공에 대한 책임감 있는 모습과 언론의 보도 태도가 매우 중요하다고 생각해.

8장
바이러스를
막아라

신종 코로나바이러스는 전 세계적으로 빠르게 확산됐으나 최근 다양한 종류의 백신이 공급되면서 코로나19를 막을 수 있다는 기대감이 커져 가고 있어. 코로나19에 사용하는 백신 중에 항원유전자를 RNA 형태로 인체에 주입해 체내에서 항원단백질을 생성해 면역 반응을 유도하는 모더나, 화이자 같은 RNA 백신, 항원유전자를 인체에 무해한 바이러스 주형에 넣어 접종해 체내에서 항원단백질을 생성해 면역 반응을 유도하는 아스트라제네카와 얀센 같은 바이러스벡터 백신이 국내에서 사용되고 있어. 또한 사멸(불활화)시킨 바이러스를 접종해 면역 반응을 유도하는 시노팜, 시노백 같은 불활화 백신, 유전자재조합 기술로 제조한 항원단백질을 접종해 면역 반응을 유도하는 노바백스 같은 재조합 백신이 사용되고 있거나 사용을 기다리는 중이지. 그 밖에 바이러스 항원단백질을 바이러스와 유사한 입자 모양으로 만들어 투여하는 바이러스 유사입자 백신도 있어.

백신은 우리 몸의 면역계를 흉내 내기 때문에, 먼저 면역계를 공부해 보면 이해하기가 쉬울 거야

1. 면역이란 뭘까?

우리 주변에는 바이러스, 박테이라, 곰팡이, 원생생물 등 다양한 병원체가 있어. 이런 병원체로부터 자신의 몸을 지키려는 작용을 '면역'이라고 해. 우리 몸은 병원체들을 대항하는 겹겹의 방어 체계를 가지고 있어. 제일 바깥쪽의 방어를 담당하는 것은 피부와 점막이야. 이 방어벽이 뚫리면 염증 반응이라는 2차 방어벽이 작동되지. 병원체를 잡아먹는 백혈구의 일종인 대식세포가 병원체를 잡아먹으면서 소탕하고, 몸은 다시 원래의 상태로 돌아가게 돼.

병원체의 공격이 심각해지면 맞춤형 방어 체계가 작동하지. 우리가 특정한 질병에 걸리면 다시 그 질병에 걸리지 않는 경우가 많지. 이것은 우리 몸이 그 질병을 기억하는 기억B세포와 기억T세포들을 만들기 때문이야. 이 기억세포들은 우리 몸속에 잠들어 있다가 병원체가 또 공격해 오면 깨어나지. 기억B세포는 항체를 만드는 형질 세포를 활성화시킬 수 있고, 기억T세포는 감염된 세포를 경험한 세포 독성T세포를 활성화시킬 수 있어.

한 번 감염된 병원체를 기억한다는 것은 우리 몸이 면역 반응을 나타내는 데 굉장히 중요해, 이건 백신의 역할과도 연결되지. 이 기억 작용을 이용해서 백신이라는 우리 몸에 병을 일으키지 않는 항원을 집어넣어서 면역 반응을 일으키는 거야. 면역 반응이 일어나면 기억세포들이 생산되고, 이후에 병원체가 침입했을 때 효율적으로 방어할 수 있게 되지.

2. 백신은 어떻게 개발할까?

코로나19를 갑자기 맞게 되자 치료법과 백신에 대한 연구가 활발해졌어. 하지만 안타깝게도 코로나19를 효과적으로 치료하는 방법은 아직 쉽게 찾지 못하고 있어. 그 대신 백신에 대한 연구는 많은 발전이 있었어. 전 세계 30개 이상의 생명공학회사와 제약회사들이 안전한 코로나19 백신을 개발하기 위한 경쟁에 뛰어들었지.

백신은 일반적으로 사용 승인을 받기 전에 3상의 임상 시험을 거쳐. 1상에서는 소수의 사람들에게 백신의 안전성을 시험하고, 2상에서는 더 많은 사람을 대상으로 시험해 백신의 투여량을 알아내고 위험 및 부작용을 파악하게 돼. 그리고 3상에서는 최소한 수천 명의 사람을 대상으로 시험해 백신의 효능과 안전성을 조사하지.

코로나19 백신은 최단 기간 내에 개발했지만, 이 과정을 모두 거쳤어. 빠르게 결과를 알아보기 위해 1상과 2상, 그리고 2상과 3상을 동시에 실시했지. 규제 당국에서도 임상 시험 결과를 모두 모은 다음 평가하는 방식 대신 실시 중인 임상 시험에서 충분한 자료가 확보되면 즉각 평가를 실시하는 롤링 리뷰 방식으로 전환했어. 그리고 제조 회사는 임상 시험하는 동안, 폐기할 위험을 감수하고 후보 백신을 대량으로 생산하는 방식을 택했지. 이것은 미국 정부가 막대한 공적 자금을 조건 없이 지원했기 때문에 가능했어.

백신의 종류

불활화 백신은 바이러스를 수정란이나 배양세포에서 키운 다음에 전체 바이러스를 불활화(사멸)해서 백신을 만드는 것으로, 파스퇴르가 활동했던 때부터 써 왔던 방법이야. 불활화란 말은 단어 뜻 그대로 '활성화를 없앴다'라는 의미로, 증식을 막았다는 거지. 중국에서 만든 시노백, 시노팜 백신이 그렇게 만든 백신이야. 만드는 데 높은 수준의 기술이 필요하지 않아서 쉽게 만들 수 있다는 장점이 있어. 하지만 바이러스를 먼저 키워야 하기 때문에 제조 과정이 복잡하고, 예방 효과가 좀 떨어진다는 단점이 있지.

핵산 백신은 항원의 역할을 하는 스파이크 단백질 대신 이 단백질의 합성을 지시하는 유전물질을 넣어 만드는 백신이야. 유전물질의 종류에 따라 DNA백신과 mRNA백신으로 나눌 수 있지. 현재 접종 중인 백신 중에 화이자 백신과 모더나 백신이 mRNA백신이야. 저온 수송이 필요한 단점이 있는 반면 질병의 원인 바이러스를 넣는 것이 아니기 때문에 안전하다는 장점이 있지. 또한 유전 암호만 바꾸어 쉽게 합성할 수 있기 때문에 변이 바이러스가 많이 생기는 상황에서 사용하기 유리할 수 있어. mRNA를 포장할 때 사용되는 에틸렌글리콜 때문에 아나필락시스(급성 알레르기 반응) 등의 부작용을 일으킨다는 점은 단점으로 꼽히기도 해.

순수 DNA백신은 아직 출시되지 않았어. 바이러스벡터 백신은 DNA백신의 변형된 형태지. 다른 바이러스의 유전자 자리에 항원을 지시하는 유전자를 DNA의 형태로 대신 넣는 것이야. 가장 선호되는 바이러스는 경미한 감기 또는 독감과 유사한 증상을 유발하는 아데노바이러스지. 바이러스가 사람 세포를 감염시키면 DNA를 핵으로 전달하고 세포의 기계 장치는 이 DNA를 사용하여 돌기 단백질을 만들어. 옥스퍼드-아스트라제네카 백신, 존슨앤드존슨 백신과 스푸트니크V 백신이 여기에 속하지.

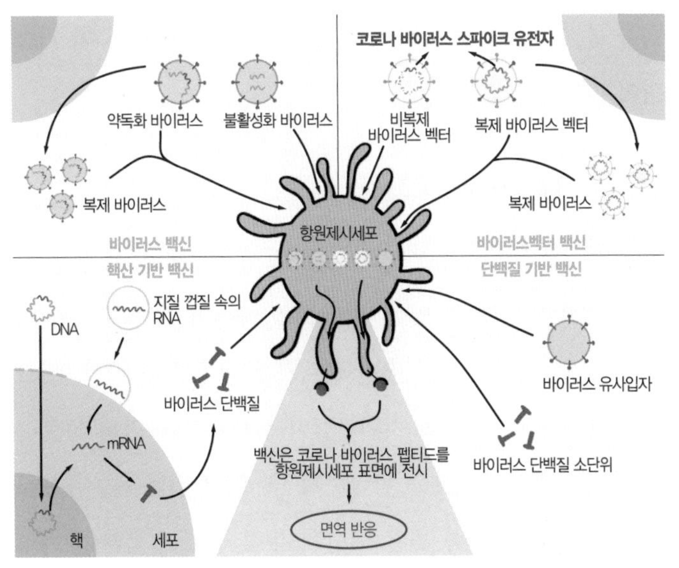

8-1 백신의 종류와 면역 반응

재조합 백신은 배양세포에서 항원단백질을 합성한 다음 주입하는 백신이야. 안전성이 높고 보관이나 취급이 유리해. 노바백스 백신이 대표적인 재조합 백신으로, 국내 제조업체와 위탁생산 계약을 맺어 공급이 용이해질 것으로 기대되고 있어. 재조합 백신의 일종인 바이러스 유사입자 백신도 개발 중이야.

현재 수백 종의 코로나19 바이러스 백신이 개발 중이기 때문에 신종 코로나바이러스의 전 세계적인 확산을 막고 전염병을 종식시키기 위해 다양한 접근 방식을 혼합해야 할 가능성이 높아지고 있어.

백신의 효능과 사망률

백신의 효능은 많은 사람을 대상으로 하는 임상 시험을 통해 계산할 수 있어. 사람들을 나누어 절반은 진짜 백신을 맞게 하고, 나머지 절반에는 가짜 백신을 맞게 하지. 그런 다음 과학자들은 이 지원자들이 실생활을 하면서 코로나19에 감염되는지 여부를 판단하게 돼. 먼저 위험률을 계산하기 위해 백신을 접종 받은 집단의 누적 질병 발생률을 위약 투여 집단의 누적 질병 발생률로 나누지. 그 다음에는 1에서 이 위험률을 뺀 다음 백분율로 표시하면 효능을 계산할 수 있어. 이렇게 계산한 화이자 백신의 효능은 95퍼센트로 나타났고, 모더나와 존슨앤드존슨 백신의 효능은 각각 94퍼센트와 66퍼센트로 계산되었어.

그러나 이 효능의 수치는 변이 바이러스의 출현 등 상황에 따라서 달라질 수 있기 때문에 절대적인 척도로 받아들이면 안 된다고 해. 그보다는 몸을 충분히 보호하여 중증 입원자 및 사망자의 위험성을 줄여 주는 효과가 중요하지. 또한 이 수치는 백신 임상 시험 참가자 중 코로나19 증상이 나타나는 경우에만 검사를 거친다는 사실을 기억하는 것이 중요해. 또한 백신을 접종 받은 사람들이 무증상의 상태로 다른 사람을 여전히 감염시킬 수 있는지는 아직 밝혀지지 않았어. 최근에는 백신 접종을 하게 되면 감염되더라도 코와 목구멍 안에 있는 바이러스의 양이 낮아져 다른 사람에게 바이러스를 전파하지 못하거나 최소한 그럴 가능성이 줄어든다고 보고되고 있지.

부작용이 적고 효능이 좋은 백신을 골라 맞으려는 움직임도 있어. 효능도 중요하지만 그보다 더욱 신경써야 할 문제는 코로나바이러스에 감염을 막아 주는 것이 아니라 어떤 백신이 병원에 입원하거나 사망하는 것을 막아 주는가야.

백신의 접종 효과는 백신 접종률이 높은 나라나 고위험군이 많은 요양병원 같은 곳에서 입증되고 있어. 백신을 접종하면 바이러스 감염 및 전파를 막을 수 있고, 감염되더라도 중태에 빠지는 것을 방지할 수 있지. 또한 사회적 거리두기의 제한을 풀어 감염률이 증가하더라도 고위험군의 증상 및 치명률이 떨어진다는 보고가 있기도 해.

3. 백신의 접종률을 높여라

어떤 백신은 왜 두 번 맞지?

대부분의 백신 개발사들은 2회 접종 방식을 기본으로 임상 개발에 돌입했어. 이것은 프라임, 부스터 전략으로, 1회차 분을 통해 우리 몸의 면역 체계를 사전에 자극하고 2회차 분을 부스터로 활용하여 최적의 면역 반응과 보호 효과를 이끌어 내는 방법이야.

백신이 독소나 비활성 바이러스를 포함하는 비교적 간단한 항원에 노출되면 기억세포의 수가 너무나 적어서 병원체에 대한 효과적인 면역 반응을 착수할 수 없기 때문이지. 이런 경우, 반복 추가 접종을 하면 시간이 흐르면서 기억세포 수의 증가를 촉진할 수 있어. 예를 들어 화이자 백신의 경우 1차 접종 시 52퍼센트의 효능을 보이지만 2차 접종하면 95퍼센트까지 효능이 증가함을 볼 수 있지. 또한 한정된 백신 수급 상황에서 2차 접종 시기를 늦추는 것은 1차 접종 인구를 늘리는 방법이 되기 때문에 신종 코로나바이러스로부터 백신의 보호 기능을 향상시키는 전략이 돼. 또한 백신의 배포 속도를 효과적으로 조절함으로써 변종 바이러스의 확산을 막는 데도 도움이 될 거로 기대하는 거지.

백신 접종률을 높이려면?

백신의 접종률을 높여야 효과적으로 바이러스를 차단할 수 있는데, 백신의 부작용이 걱정되어서 백신을 맞지 않겠다는 사람들도 있어. 바이러스벡터 방식의 백신인 아스트라제네카 백신이나 얀센 백신의 경우, 운반 수단으로 사용하는 아데노바이러스가 혈소판 감소증을 동반하는 특이 정맥 부위의 희귀 혈전증을 일으킨다는 보고가 있지. 백신 접종의 이익 대비 위험성을 근거로, 국내에서는 코로나19의 사망률이 매우 낮은 30세 미만은 다른 연령대에 비해 이익 대비 위험성이 다소 높다고 판단해서 바이러스벡터 방식의 백신 접종을 권고하지 않았어.

화이자나 모더나 같은 mRNA백신은 세포 내로 넣기 위해 사용하는 지질 나노 입자의 성분인 폴레에틸렌 글리콜이라는 물질이 세포에 급성 알레르기 반응인 아나필락시스를 유도한다고 알려져 있어. 접종 30분 이내에 혈압이 떨어지거나 숨이 가빠지는 과민 반응을 말하는데, 설령 부작용이 발생한다고 해도 바로 현장에서 조치가 가능하기 때문에 크게 걱정하지 않아도 돼.

어떤 방식으로 만들어진 백신이든 100퍼센트 완벽한 백신은 없지만 완전한 백신을 기다릴 여유도 사실 없어. 백신의 부작용에 따른 정책에는 3가지 선택 사항이 있을 거야. ⑴ 드문 부작용임을 인식하고 백신 접종을 계속하는 것. ⑵ 이익이 위험을 확실히 상회하는 그룹에 한해서만 백신 접종을 허용하는 것. ⑶ 백신의 접종을 완전히 중단하는 것. 실제로 아스트라제네카 백신에 의한 부작용이 발생했을 때 영국과 우리나라는 두 번째 전략을 사용해서 30세 미만의 청년들에게는 아스트라제네카 백신을 맞지 않도록 조처했어.

이제까지 소아청소년들은 코로나19에 걸릴 위험이 낮고 중증으로 진행할 가능성도 낮기 때문에 접종을 적극적으로 고려하지 않았지만, 코로나19 확산세가 꺾이지 않자 접종을 권고하기 시작했어. 미국, 유럽, 이스라엘 등은 2021년 5월부터 12세 이상의 소아청소년들을 대상으로 백신을 접종하고 있고, 우리나라도 개인 의사 및 보호자의 동의가 있을 경우 최근 이 연령의 소아청소년을 대상으로 2021년 10월부터 접종을 시작하고 있어. 이보다 어린 5~11세의 아동을 대상으로는 아직 미 식품의약국에서는 승인을 내주지 않고 있지만, 이스라엘에서는 저항력이 저하된 아동에 한해서 제한적으로 접종을 하고 있어.

하지만 백신 접종에 신중한 나라도 있는데, 영국과 같은 곳에서는 백신 부작용으로 나타나는 심장 질환인 심근염이 발생할 가능성이 있기 때문에 소아청소년에 접종을 권고하지 않고 있어.

최근 소아청소년을 대상으로 코로나19 백신 접종을 실시하려는 것은 대상자가 전체 인구의 20퍼센트를 차지하는 데다 미국과 같은 곳에서는 여러 가지 이유로 백신 접종을 거부하는 사람들이 많기 때문이야. 백신에 알레르기 반응을 나타내는 등 건강상의 이유로 백신을 맞을 수 없는 사람들을 위해서는 최대한 많은 건강한 사람이 백신을 접종해서 그들을 보호해야 해.

백신은 변이 바이러스를 막을 수 있을까?

모든 바이러스와 마찬가지로 코로나19를 일으키는 신종 코로나바이러스도 시간이 지남에 따라 염기 서열이 바뀌게 돼. 이건 바이러스에서 일어나는 정상적인 변화이고, 이러한 변화를 '돌연변이'라고 하지. 하나 이상의 새로운 돌연변이가 발생한 바이러스를 '변이 바이러스'라고 하고. 바이러스의 개체수가 많아지면 이런 변이 바이러스가 섞여 있을 가능성이 늘어나. 예를 들어 어떤 집단 내에 바이러스에 걸린 환자가 많아지면 복제되고 변화를 겪을 기회도 더 많아지거든. 바이러스에 돌연변이가 일어난다고 해서 더 쉽게 퍼지거나 숙주세포에 더 심각한 질병을 유발한다거나 하는 변화는 대개 일어나지 않아. 하지만 경우에 따라서 아주 불가능한 건 아니야. 그러면 애써 개발한 백신의 중화 능력이 떨어질 가능성도 있지.

과학자들은 이런 상황이 일어날까 봐 염려하면서 변이 바이러스의 발생과 확산을 눈여겨보고 있어. 특히 변이 코로나바이러스 중에서 바이러스 표면에 돌기 형태로 나타나는 스파이크 단백질에 생기는 돌연변이에 주목하고 있지. 왜냐하면 이 단백질들은 숙주세포의 ACE2 수용체와 결합하여 세포에 침입하기 때문이야. 또한 대부분의 백신이 이 스파이크 단백질을 중화시키는 항체를 형성하도록 만들어졌기 때문이지.

과학자들은 코로나19의 염기 서열 데이터베이스를 만들어서 계보와 전파 경로를 추적하고 있어. 유전자 염기 서열의 돌연변이로 인해 아미노산이 변화하는데, 이것을 기준으로 변이 코로나바이러스를 구분하고 있지. 코로나19는 발원지인 우한에서 처음으로 분석된 L형으로부터 점차로 변화했다고 생각되어져. 그 후 G형이 등장했다가 2020년 12월에는 여러 개의 돌연변이가 한 개체 내에서 축적된 B.1.1.7 돌연변이가 영국에서 출현하여 빠르게 개체군의 대부분을 차지하게 돼. 이외에도 B.1.351은 남아프리카 공화국에서, 그리고 전염성이 큰 B.1.617은 인도에서 출현했어.

변이 바이러스의 이름이 영문자와 숫자가 결합되어 복잡해지자, 2021년 5월 말부터 그리스 알파벳 문자를 이용해서 변이 바이러스의 이름을 부르기로 했어. 예를 들면 영국발 변이 바이러스인 B.1.1.7은 '알파'로, 남아프리카공화국에서 확인된 변이 바이러스인 B.1.351은 '베타'로, 그리고 2021년 1월 브라질발 변이 바이러스 p.1은 '감마'로 부르기로 했지. 2021년 4월부터 인도를 휩쓸고 있는 변이 바이러스인 B.1.617.2는 '델타'로 부르기로 했어. 2021년 6월에는 델타에 베타 변이가 겹쳐 감염력이 크게 증가한 '델타 플러스' 변이 바이러스가 등장했지.

전문가들은 이처럼 새로운 변이 바이러스가 계속 나타난다면 백신의 효능이 떨어지지 않을까 우려하고 있어. 변이체에 맞추어 새로운 백신을 제때에 바로바로 공급하지 못하기 때문에 기존 백신의 면역 작용을 방해하는 돌연변이를 예방하려면 바이러스 확산을 막기 위한 모든 조치가 함께 적용돼야 해. 특히 백신 공급이 잘 되지 않는 국가에서는 백신의 접종 속도를 높이고 전염을 줄이기 위한 사회적 거리두기, 개인위

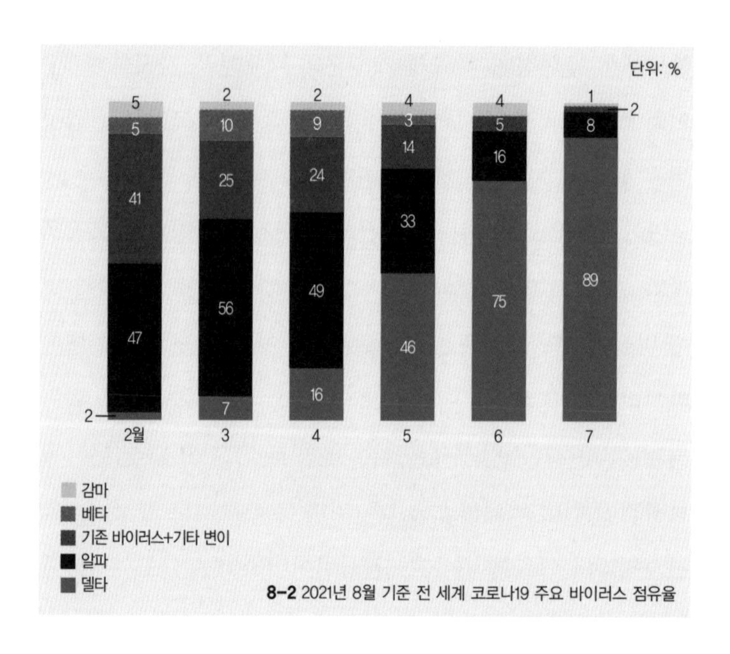

8-2 2021년 8월 기준 전 세계 코로나19 주요 바이러스 점유율

생 등을 지속적으로 시행하는 것이 중요하지. 백신이 계속 개선되는 동안에도 우리가 이미 예방을 위해 하고 있는 수단을 최대한 사용해야 해. 우리 모두가 각자가 안전할 때 인류 전체의 안전을 지켜낼 수 있다는 것을 생각해야 할 때지.

4. 백신 효과는 얼마나 오래 지속될까?

백신을 접종해도 사람에 따라 중화항체의 양이나 질이 매우 낮거나 또는 형성되지 않을 가능성이 있어. 사람마다 다른 유전자, 면역 상태, 나이 또는 영양과 환경 상태에 따라 달라질 수도 있거든. 그래서 백신을 투여했어도 바이러스에 다시 감염되는 돌파감염의 사례도 나타날 수 있어.

'백신을 맞은 이후에 면역이 얼마나 오랫동안 지속될까' 궁금하지? 실제로 백신 효과가 얼마나 지속되는지는 아직 확실한 결과가 나오지 않았어. 아직 개발된 지 1년도 지나지 않았기 때문이야. 그래서 독감 예방주사처럼 매년 맞아야 한다는 주장과 한 번 접종하면 적어도 수년 동안은 걱정하지 않아도 된다는 주장이 엇갈리고 있어.

아직 백신 접종이 시작되는 단계라서 데이터는 충분하지 않지만 결국엔 백신을 통해서 형성되는 항체가 과연 얼마나 지속될 것이냐에 대한 후속 연구가 필요해. 항체가 1년 이상 지속되지 않을 거라는 전문가들이 많거든. 돌연변이가 계속 발생하면 항원인 스파이크 단백질이 조금씩 바뀌기 때문이야. 또한 코로나19가 처음 유행하면서 사람의 몸이 처음으로 신종 코로나바이러스에 노출되었고, 백신을 통해서 형성된 저항력이 수개월밖에 지속되지 않았기 때문이야. 하여튼 이 문제에 대한 논의는 조금 더 지속될 것 같아. 코로나19를 이겨낸 회복기 환자에게서 형성된 중화항체도 4~5개월만 지나면 확연히 감퇴해 재감염을 대부분 막지 못한다는 연구 결과도 나와 있거든. 최근에는 시간이 지남에 따라 백신의 효능이 떨어지는 것처럼 판단되자 보건 당국은 3회차 주사(부스터 샷)를 접종하는 것을 권하기도 해.

5. 집단 면역에 도달할 수 있을까?

집단 면역 수준에 도달했다는 의미는 특별한 조치를 취하지 않아도 감염 확산이 더 일어나지 않음을 말해. 코로나19 중화항체의 지속 기간은 집단 면역 형성 과정에서 대유행 억제의 중요한 변수로 꼽히지. 우리나라 보건 당국은 집단 면역을 위해 전 국민의 최소 70퍼센트가 항체를 보유해야 한다고 보고 있는데, 목표 달성 전 일부 국민의 항체 효과가 사라지면 집단 면역은 제자리걸음이 반복되기 때문이야.

그런데 어떤 변이 바이러스들은 바이러스를 차단하는 항체 중 일부를 회피하는 면역회피 반응을 나타낼 수도 있어. 다행히 아직까지는 이미 개발된 백신의 면역 반응을 벗어나는 변이 코로나바이러스를 발견하지 못했지만, 변이 바이러스가 백신을 무력화시키지 않는지의 여부를 지속적으로 측정할 필요가 있어. 기존의 백신들을 재설계하거나 조합하는 방안도 강구해야 하고, 백신 접종 이외에도 감염 경로 추적이나 사회적 거리두기, 개인위생 등을 소홀히 하지 말아야 해. 백신 접종률이 낮은 집단이나 국가의 접종률을 높여서 새로운 변이 바이러스가 나타날 기회를 주지 말아야 할 거야.

그런데 전문가들 사이에서는 집단 면역에 도달하더라도, 심지어 거의 백신 접종을 받더라도 코로나19가 쉽게 사라지지 않을 거라는 전망이 많아. 백신 접종을 거부하는 사람들이 형성한 집단 내에서 반복적으로 재유행이 일어날 가능성이 있기 때문이야.

백신의 접종률과 아울러 백신의 효능도 문제야. 청소년과 영유아들은 인구의 많은 부분을 차지하지만 그들은 백신을 맞지 못하기 때문에 집단 면역 수준에 도달하지 못한다는 설명을 해. 이처럼 여러 가지 불확실성은 있지만 백신 접종을 추가적으로 이어나간다면 '집단 면역'이라고 부를 만한 상태에 도달할 가능성은 있어. 환자가 한 명도 발생하지 않는 그런 상태가 되지는 않겠지만 감염을 사회가 관리할 정도가 될 거란 이야기지.

사실, 장기적으로 국경을 봉쇄할 수는 없기 때문에 전 세계 모든 나라에서 동시적으로 집단 면역이 이루어지지 않으면 국가 간의 인구 이동을 통해서 결국 유행이 또 이어질 위험성이 있어. 그래서 모든 국가가 백신을 공평하고 신속하게 접종할 수 있도록 보장하는 것이 중요해. 국제적으로는 코로나19 백신을 저소득 국가에도 공정하게 배분하기 위해 코백스(COVAX)라는 기구도 발족했어. 선진국들은 '백신국수주의'라고 불릴 만큼 자신들이 개발한 백신을 자국민에게 먼저 접종하기 위해 백신을 독점하려고 하지만 이런 일은 결국 전체적인 방역 노력에 해를 끼칠 뿐이야.

새롭게 등장한 코로나19라는 괴물에 세계는 속수무책으로 당할 수밖에 없었어. 그런데 마침내 이 괴물에 대항할 백신이라는 수단이 생긴 거야. 빠르게 일상을 회복하기 위해서, 우리가 집 밖에서 친구들과 가족들을 만나거나 다시 학교에 가기 위해서 우리 모두는 빠르게 백신 접종을 받아야 해. 그리고 충분히 많은 사람이 백신 접종을 마칠 때까지는 마스크 착용과 사회적 거리두기는 지속해야 해. 그래야만 모두 안전해질 수 있어. 이것은 아직까지 건강상의 이유로 백신을 맞을 수 없는 사람들을 보호하기 위해서이기도 해.

지금 백신을 맞아야 하는 또 다른 이유도 생각해야 해. 지금 이 순간에도 코로나19 바이러스가 변이하고 있다는 우려가 있는데, 백신을 맞는 사람이 늘어나면, 더욱 위험한 바이러스로 변이하는 것도 막을 수 있어.

결국 신종 코로나바이러스는 앞으로 어떻게 될 것 같아? 여러 전문가들은 신종 코로나바이러스가 인류에게 일반 감기 바이러스처럼 계속 남아 있게 될 거라고 예측하고 있어. 널리 퍼지지만 치명률은 낮은 바이러스로 말이야. 몇 년 후 코로나19가 일반 감기처럼 변한다면 1년도 안 되는 시간 내에 백신을 개발하고, 상당히 빠른 기간 내에 전 세계적으로 백신 접종을 한 전염병의 첫 번째 사례로 기억될 거야.

바이러스 세계에서 나오며

우리는 바이러스와 박테리아가 아주 다른 기생체이고, 생물체와 접했을 때 자신을 복제한다거나 환경에 적응하는 등 생명 현상의 일부를 나타낸다는 것을 알게 되었지. 그리고 바이러스의 구조, 종류, 계통, 진화 등 생물학적으로 바이러스를 살펴보았어. 끝으로 최근에 기승을 부리고 있는 신종 코로나바이러스와 그로 인한 세계적 대유행병인 코로나19에 대해서도 배울 수 있었고.

우리가 바이러스를 죽일 수 없다면 우리는 바이러스와 함께 살아가는 방법을 새롭게 탐구해야 돼. 코로나로 인해서 전세계적인 대유행(팬데믹)이 선포되고 사람들이 사회적 거리두기를 하는 등, 코로나19 이전과 이후의 세계는 크게 달라진 모습이야.

어떤 학자들은 그동안 우리 인류가 자연을 훼손하고 박쥐를 비롯한 다른 동물의 서식지를 파괴한 결과로 코로나19가 나타났다고 지적해. 역설적으로 신종 코로나바이러스가 대유행한 이후로 베네치아에 돌고래가 돌아오고, 출입 통제된 인도 해변에 바다거북 80만 마리가 산란하며, 중국의 대기가 다시 맑아지는 모습을 보고, 커다란 덩치를 가진 70억 인구가

해내지 못한 일을 눈에 보이지도 않는 작은 바이러스가 해냈다고도 하지. 이제야말로 그동안의 발전이 과연 무엇을 위한,

누구를 위한 것이었나를 곰곰이 깨닫는 시기가 되었으면 해. 그리고 책의 서두에서 이야기했다시피 살아 있지 않기 때문에 죽일 수도 없는 바이러스라는 엄청난 적과 어떻게 함께 살아가야 할 것인가를 두려운 마음으로 생각해 봐야 할 거야.

일찍이 알베르 카뮈라는 프랑스 작가는 《페스트》라는 작품의 마지막 부분에 다음과 같은 무시무시한 예언을 남겼어. "페스트균은 결코 죽거나 사라지지 않으며, 그 균은 수십 년간 가구나 속옷 사이에 잠자고 있다가 언젠가는 인간들에게 불행과 그를 통해 어떤 교훈을 주기 위해 다시 자기의 쥐들을 깨워 어떤 행복한 도시로 그것들을 보낼 것이다."

우리는 코로나19를 물리치겠지만 언젠가는 카뮈의 예언처럼 다시 인류를 위협하는 또 다른 바이러스와 마주칠지도 몰라. 현재의 이 위기를 극복하고 그때를 준비하기 위해서 이 책이 인류의 장래 희망인 여러분을 위해 중요하게 읽혀졌으면 좋겠어.